方✗向

寶鼎出版

方向

寶鼎出版

THE CLEAR LEADER
HOW TO LEAD WELL IN A HYPER-CONNECTED WORLD

打造高專注
正念領導力

6堂AI時代領導人的關鍵練習

正念領導力專家
詹姆斯・唐納德博士 James N. Donald, PhD
克雷格・哈斯特 Craig S. Hassed, OAM ——著

蘇楓雅——譯

前言		005
第一章	**看見問題本質（Problem）**	014
	辨識資訊超載、注意力分散、多工與過度反應的習慣。	
	▶為什麼我總在加班？哪些是「偽緊急」任務？	
	化險為夷	015
	戰爭迷霧	017
	看穿戰爭迷霧	023
	隨時待命的領導者	025
	什麼在驅動我們隨時待命？	027
	環境驅動力	028
	文化強化力	032
	下游人力的衝擊	035
	這對領導者具有什麼意義？	040
第二章	**聚焦目標（Purpose）**	042
	建立團隊共同願景，喚起內在動機與意義感。	
	▶我們為了解決什麼問題而存在？	
	一個令人信服的需求	046
	內在動機	049
	真誠的投入	052
	以目標為導向的領導力挑戰	053
	領導者之道：真誠度	070
	自我檢討的要點	076
	總結	080
第三章	**重新排序優先事項（Priorities）**	082
	從瞎忙清單中釐清核心工作，培養「說不」的能力。	
	▶什麼才值得投入我的認知資源？	
	不堪負荷	083
	僕人變主人	086

千頭萬緒	088
缺乏策略的領導者	094
政治行動	096
分心、明辨、決策	100
用正念清理空間	107
意義、正念、動機、後設認知	110
達克效應	111
認知偏差	112
合乎道德行事	114
心理健康、動機、生產力	115
領導之道：覺察能力	119
指導方針建議	123
總結	125

第四章　重建團隊連結（People）　126

建強化同理對話與人際信任，避免科技削弱關係。
▶團隊在忙什麼？我們還有「人味」嗎？

領導者和管理者	129
情商、工作壓力、職業倦怠	135
科技和簡訊無法取代對話	138
團隊的溝通與協力	141
辯證法：探究的藝術	145
同理和慈悲不一樣	148
有覺察能力的領導者是一個典範	154
領導者之道：開放心態	156
總結	162

第五章　照顧自我穩定（Personal）　164

增加自我覺察，從過勞、倦怠與焦躁中找回中心。
▶我自己還好嗎？我什麼時候需要按下暫停鍵？

成為改變	166
自我照護並非自私	168

自我補給	173
功能儲備：置身危機之外的藝術	176
隨時待命的文化	183
在居家辦公的世界維持「平衡與幸福」	186
被擾亂的領導者	191
社群媒體並非總是那麼友善	194
領導者之道：平衡	196
總結	203

第六章　創造持續進展（Progress）　204

建立持久的學習與迭代節奏，不再「做一停十」。
▶成長不靠意志，而靠有節奏的練習與反思。

隨時待命世界裡的領導團隊能力	205
第一步驟：靶心	208
第二步驟：徹底探究	210
第三步驟：推動力與抑制力	213
第四步驟：落實行動	216
你的個人領導特質	217
總結	221

第七章　眺望地平線　222

未來挑戰	224
結語	234

附錄	236
參考資料	248

前言

　　問問你自己：我上一次全力以赴做到最好是什麼時候的事了？請在腦海中回想最近一次，你感受到緊密連結、充滿活力，並心念清晰的時刻。那一刻，你正處在「心流」之中、全力以赴。那一刻，你的注意力放在哪裡呢？你有多少心思在想其他事情、擔心未來、因為手機的通知鈴響而分心，或者試圖一心多用呢？當我們盡力而為的時候，整個人會完全活在當下，我們的身心會完全敞開，與眼前的一切事物接軌。然而，我們有許多工作的方式（以及被要求操作的模式），卻把我們的注意力和保持專注的能耐，朝百萬個不同的方向拉扯。

　　對於領導者來說，風險可能比大多數人更高。領導者肩負著管理其所負責的組織和社會的責任，但其中所面對的注意力需求和資訊過載，皆使領導這項任務變得愈來愈艱難。過去四十年來，我們不斷與各界的領導人合作，在這段期間，我們觀察到領導者所身處的環境，正變得愈來愈複雜、快速、動盪不定和變幻多端。從我們的角度來看，這個挑戰的癥結在於「隨時待命」的文化，幾乎每位領導人都必

須這樣工作。我們所說的「隨時待命」就是不間斷的反應、超載的通訊，還有馬不停蹄地在發生的決策和行動。而科技的發展更使這個現象日漸加劇。

強迫自己隨時待命，消化大量的訊息，以及回應川流不息的議題，為許多領導者製造出一個分心、表象的介面，與世界以及他們所帶領的團隊互動。我們用「資訊淹沒」來形容這種情形。從這層意義來說，一個人想要完整地活在當下，不僅困難重重，甚至幾乎遙不可及。在這種狀態下，我們的身心感到既疲倦又散亂，我們的頭腦同時是耗竭又亢奮。如此一來，導致我們會採用非黑即白的思維模式，反應更加激烈，決策能力也會減弱。彷彿我們集體被捲入湍急的河流，努力讓自己的頭露出水面，卻不知道如何游到平靜的水中喘息。

雖然科技的連結系統，為人類在效率和機動性方面帶來莫大的好處，但我們認為這些工作方式是有代價的，會直接影響領導者的心理健康，以及他們所帶領團隊的韌性與動力。如果使用得當，以科技為媒介的工作方式，具有創造高效的可能。但如果使用不當，則會造成重大的負面影響，對領導者的清晰思路、策略性和人性的領導方針帶來衝擊，就好像科技從一名可靠的僕人，變成專橫的主人一般。

在最近的一個案例中，我們與一個高階領導團隊合

作，他們當時負責一個價值數百萬澳幣的大型醫療保健專案，壓力巨大且時程非常緊迫。該團隊自計畫啟動的初期以來，已經協力共事了十八個月，但是大家都已感到非常疲憊和氣餒。當其中一位主管麥克，要求幾位資深經理參加一場緊急會議，以解決他所擔心的一些執行問題時，事情才真的演變成緊繃的對立態勢。隊員們推托，但麥克仍堅持要求他們出席❶*，然後他對著團隊發洩指責，抱怨成員必須對工作信守承諾，搞得全場鴉雀無聲。

幾分鐘後，團隊成員之一的瑪莎大膽地直言，她試圖指出工作疲勞這個更深層的問題，以及重新思考的必要：團隊應該如何分工合作，以及誰應該參加會議。其實，在那個緊繃的時刻，麥克有機會按下「暫停」鍵，針對真正的問題展開對話，或者繼續逼著他的團隊前進。但是，那天剩下的時間裡，還有一大堆事情等著麥克去處理，況且他的手機還不停收到電子郵件和提醒事項。於是，他決定不花時間去了解團隊的種種憂慮，繼續一意孤行。在那一刻，麥克缺乏看清事態嚴重性、調整速度，並為他的團隊解決真正問題的覺察。他整個人陷在超速狀態，錯失了時機，機會之窗開了又關，然後就再也沒出現了。結果，他的團隊和整個專案只能跟著他超速奔騰，卻帶著挫折、疲憊，以及愈來愈多的怨懟。果不其然，接下來的幾個月內，辭職信開始大量湧現。

---

* 本書提及之個人軼事中的人名均為化名。

我們的另一項專案，是與法院行政服務部門的一名領導人合作。遺憾的是，法院面臨一連串的資金刪減，導致重大的改組和裁員。至於被留下的員工，他們的工作量反而有增無減，因為隨著法院體系內其他部門資金的刪減，緊急事項的清單也不斷增加。員工們感到疲倦，但是也處於亢奮狀態，幾乎像是靠著腎上腺素及一股單純的衝勁在運作。這是一個不健康的職場環境，顯然，一種以快速反應及長期忙碌為優先的文化已經形成，並開始造成損失：缺勤率上升，幾名團隊成員請了長期病假。經理丹妮絲面臨一個轉折點：一是當作別無選擇地繼續下去，二是停下來重整步伐。

　　難以置信的是，丹妮絲竟然能夠清楚知道自己所扮演的角色，也知道該如何駕馭這個過度活躍又反應快速的工作文化。她可以推想到一場災難即將發生，於是轉念，重新找到煞車踏板，而不是一味地瘋狂踩油門。丹妮絲從緊急優先事項中抽身，率領著團隊團結起來。透過一連串的會議，她的團隊做出了一些艱難的決定，並重新安排作業事項及工作方法的優先順序。過程中，丹妮絲還撥空傾聽每一位團隊成員的感受和觀察。

　　在團隊重新界定一組優先要務後，丹妮絲接著去找她的上司，以及其他法院內部主要的利益關係人，為她的團隊

重新調整的工作規劃提出充分的說服理由。這個舉動扭轉了整個局面，突然之間，丹妮絲和她的團隊深刻感受到他們是一體的，不僅是合作夥伴，更同時為彼此在努力。儘管那是一段充滿壓力和負擔的時期，但是丹妮絲對自己在現況中扮演的角色，承擔起責任與勇於共同創新的工作模式，從而為法院和成千上萬依賴法院服務的人們，免去一場災難。從根本上來說，丹妮絲展現出罕見的力量：放棄原先的工作方式，果斷採用另一種對當下情況更具深思熟慮且冷靜的處理方式。

這些故事和他們造成的影響，不僅與我們的常識或經驗教訓相呼應，也是科學事實的例證。過去幾年裡，有許多相關研究爆炸性的增加，深入探討精神過度負荷與慣性反應，如何對心理健康、人際關係的品質及個人行為表現，造成負面影響。

比方，有一項研究針對虛擬團隊的領導人（即經理人只藉由科技媒介與團隊成員互動）進行調查，結果發現，儘管經理人表示授權更多，可是員工的感受卻恰恰相反。換句話說，員工感到自己對工作的控制權變少、自主性降低（即他們的主管採用更多的微觀管理）❷。若想進一步了解，虛擬團隊的成員在工作上的感受為何出現「反差」，仍然需要更多的研究支持。不過，有一種可能是，虛擬團隊的主管們

往往會出現大腦認知方面的資訊過載與疲乏,與他們所帶領的團隊之間,也相對缺少了實際連結❸。

認知超載和社交距離這兩個原因,可能會把主管們推向微觀管理,如此當然會加劇問題的嚴重性。這現象與神經科學的研究發現相吻合:過度使用科技媒介的聯絡及工作模式,會干擾人們腦中較高階的(執行)功能,比如注意力調節、記憶和情緒商數(EQ),而這些功能對於做好領導工作至關緊要。

如同腳下的油門愈踩愈重,使我們陷入長期超速的狀態,究竟是什麼原因呢?我們又怎麼會把自己困住,認為消除超速壓力的唯一辦法,就是投身於更多的超速、完成任務,及狂熱的行動當中呢?這種工作模式會對我們自身、我們所領導的人,以及我們居住的世界帶來什麼樣的影響?此外,我們要付出什麼代價才能扭轉這一切?身為一名領導者,我們該如何將注意力導向所需之處,並保持專注,使我們有精力進行反思、規劃和深度思考,接著透過這些關鍵步伐邁向成功的領導?做為一名領導者,我們又該如何塑造自己的態度、力量、觀念,以及外部的工作環境,進而像丹妮絲一樣,有能力掌握關鍵時刻?

在本書中,我們將深入探討,在超連結的大環境下,做好領導工作所需的特質與技能。我們的目的是,為忙

礎、高效的領導者提供一套務實、易懂、以實證為基礎的指南，幫助他們克服「隨時待命」的文化所帶來的挑戰，並在過程中避免失去你的團隊或者你自己。

身為研究者和科學家，我們列舉出一些證據來闡明「隨時待命」的文化，對領導者的福祉、工作效率、保持自我狀態的能力所造成的衝擊，還有這些衝擊進一步會為他們所率領的團隊帶來什麼影響。身為教育家和引導師，我們請你深入思考書中的關鍵提問，並且能夠從我們實際的觀察、經驗和心得中獲得共鳴。最後，我們會參考科學與經驗，為領導者提供一套簡單可行的工具和練習，以幫助他們發揮出最好的實力。

這本書適合誰呢？世界各地的領導人。身處掌權位置，本身並不等於領導力。在我們看來，領導者可以來自任何地方、任何領域，是一個致力於影響他人有所作為並共創美好前程的人。當然，我們一般最常認為的領導者，是那些身居要職有權力的人，也就是負責管理團隊和組織的人。不過，很多人用其他方式領導，例如以身作則、啟發他人或成為思想領袖。總結來說，這本書是寫給所有的領導人，無論是擔任正式或非正式的領導地位。本書對人資部門及教育培訓的專業人士也有用，他們可以藉由克服前述的各種挑戰，為服務的機構提供理想的支持與應對。最後，這本書也是獻

給每一位受到超連結工作文化影響的人,那些正在奮力跨越其中的挑戰,期望用更加清明的心智面對自己的工作與生活的人。

在本書中,每一章的結構都以強調特定的領導「能力領域」為主軸。針對每一個領域,我們會闡述關鍵議題和一些科學證據,並提供工具讓領導者在實踐中應用。身為「頭韻(alliteration)」詩歌修辭的愛好者,我們以六個P來編排章節:看見問題本質(Problem)、聚焦目標(Purpose)、重新排序優先事項(Priorities)、重建團隊連結(People)、照顧自我穩定(Personal)、創造持續進展(Progress)。

第一章〈看見問題本質〉——攤開在超連結的大環境下,領導工作所面臨的考驗,為領導者檢視相關的科學與主要挑戰。第二章〈聚焦目標〉——探討「隨時待命」的工作方式,對領導者保有明晰目標的能力會造成哪些影響,並提供在高效的團隊和組織中,有助於建立目標的工具。第三章〈重新排序優先事項〉——拆解超連結工作模式,對領導者設定優先事項、進行反思和做出正確決策的能力會產生的衝擊,並提供解決這些難題的工具。第四章〈重建團隊連結〉——探究科技如何影響領導者的溝通和人際關係,為領導者提供實用的策略,幫助他們提升人際影響力,並與自己所領導的團隊有更緊密的連結,包括遠距工作的團隊。第

五章〈照顧自我穩定〉——探討隨時待命的工作模式，會如何影響領導者本身的心理健康，以及他們在個人及專業兩個層面持續自我支持的能力。本章將提供實用的技巧和方案，幫助促進領導者的健康、福祉與活力。第六章〈創造持續進展〉——提供一張實用的「路線圖」，給希望與自己的領導團隊一起研討這些議題的領導者。此路線圖當然也適用於他們自己身上，做為自我反思的一部分。書末，第七章〈眺望地平線〉——為本書的主要觀點做總結，並點出未來將出現的問題、挑戰與機會。

Chapter

1

看見問題本質

Problem

在本章，我們將打開領導力在這個資訊淹沒的時代會面臨的一些挑戰。如我們在前言所概述的，近年來對於領導者注意力的要求似乎加倍增長，這往往會影響決策力的品質，進而影響領導者可採用的策略行動範圍。在這種大環境之下，有什麼能夠使領導者心思清晰地採取行動呢？也就是說，如何看穿「戰爭迷霧」，綜觀多元視角並做出精明的決策呢？無論在政治、政府、商業及教育等領域，都急迫需要這些能力。然而，人們通常難以掌握。在我們看來，要達到這種清晰境界的一個關鍵途徑，也可能是最重要的，那就是領導者掌控自己注意力的方式。在危機中，這些挑戰可能暴露得最為明顯。讓我們來看看幾個實例。

化險為夷

2007 年末，全球金融市場陷入了恐慌。當全球金融危機開始緩慢卻明確地在世界經濟體系掀起大災難時，所有的投資者、員工、執行長都驚恐地旁觀這一切可能會倒向的結局。這是一次巨大的金融崩盤，對所謂「真實世界」的經濟帶來莫大的牽連：全球數十億人的工作和家庭的生計都在火線上。澳洲是一個高度依賴貿易的經濟體，當時號稱「四大

巨頭」的銀行急於與政府和監管機關進行危機會議,商討如何採取最佳的應變措施。四大銀行之一的西太平洋銀行(Westpac),由澳洲有史以來的第一位女性總裁蓋兒‧凱利(Gail Kelly)領導。她的工作是維持銀行的財務穩定,同時設法減少對數百萬客戶和投資人的經濟打擊,那份壓力是巨大的。在2008年底的金融風暴高峰期(美國雷曼兄弟銀行倒閉之後),當時凱利上任未及十二個月,對於總裁的職位仍然生疏。

　　凱利心知肚明,她需要為這場危機注入一種特殊的「領導力量」。她理解到,銀行和政府若要順利度過這場風暴,她勢必要抱著沉穩和專注的決心來處理每一件事。她把自己使用的方法形容是一種「隔間化」的注意力,高度有紀律地使用自己的專注力和精力。她全神貫注在手頭上的問題或決定,深入探究、質疑假設,接著有意識地放下,繼續移往下一項任務。凱利把瀰漫在空氣中的恐懼、情緒和過分躁動形容為一種「白噪音」,雖然需要留意,卻得冷靜地放過,不要再投入更多力氣火上加油。透過這種工作方式,凱利敘述自己能夠及時且深思熟慮地做出必要的決策❶。西太平洋銀行後續順利度過了金融危機,並在政府的支持下,把發生在雙薪家庭和生意人身上的損失減至最低。

戰爭迷霧

　　幾年前，本書作者之一的克雷格，在往返兩所大學校園的路上等待紅燈。綠燈亮起，克雷格的車子開始前進，但是他的眼角餘光看到另一輛車子正試圖快速通過十字路口。雖然克雷格猛力地踩下煞車，一場撞車事故仍然無法避免。所幸沒有人受傷，但是兩輛車子的車頭已面目全非。雙方交換聯絡方式，目擊者也停下車提供線索，證實另一方駕駛人闖了紅燈，而克雷格則是正確穿越綠燈。對方駕駛人承認是他自己的錯，當時他匆忙趕著去參加一場已經遲到的會議。整件事就在路邊友善地解決了：拖吊車前來把兩輛車拖走，克雷格招了一輛計程車繼續他的行程。

　　幾天後，克雷格收到一封代表對方駕駛人的保險公司信函，信中說明該駕駛人所提供的資料顯示，這件交通事故是克雷格的過錯，將開始追討賠償費用。這是個令人不愉快的驚喜，尤其是雙方當場針對事故似乎並無爭議，且事故發生後大家似乎都很理智和文明。眼前的信函，很容易會讓人的思考掉入猜測、憤怒、反覆不斷地回想、憂慮、制定戰略，這正是名副其實的「思維迷霧」。看來還是暫停一下，不要輕易下結論比較好。

　　克雷格把資料轉交給他的保險公司，他們預備投入戰

場。但在此之前，克雷格認為，最簡單直接的辦法就是打電話給對方駕駛人，問他是否真的聲稱這場事故是克雷格的錯。克雷格秉持著冷靜的頭腦、開放的心胸，以及和解的態度撥通了電話過去。另一頭的駕駛人沒有爭辯或指責，而是過意不去地表示，他不曾向自己的保險公司如此表態，並表達後續的事交給他來處理。五分鐘後他回電告知克雷格事情已經解決，他的保險公司將會支付所有的費用。話說回來，克雷格收到的是一封「標準制式」信函，幾乎每件索償個案都會寄發。儘管收到這樣的信函令人不快，但是透過直接的溝通與和解的態度解決問題，仍然令人欣慰。遺憾的是，並非所有類似的情況都能如此友善地解決。

與生活和工作中的挑戰搏鬥，對我們許多人來說，是再平常不過的經歷；但是有些人必須做的決定，則會牽連到更大規模的衝突。如果說，生活絕大部分是複雜的，那麼國與國之間發生戰爭就是極端的複雜了。從戰爭迷霧中擷取的一些實例，將足以說明幾個重點。

1962年10月無疑是冷戰的高峰期。蘇聯在距離美國本土約一五〇公里的古巴，祕密部署了彈道核子飛彈。甘迺迪是新上任的美國總統，當時的局勢要求他做出緊急的回應。甘迺迪和美國政府沿用了一批鷹派的高級官員、情報專家及軍事領導人，其中許多人，如中央情報局的資深成員，都極

力主張採取強大的軍事應對措施，就是以空襲消除威脅。蘇聯在古巴部署核飛彈，是這些高級官員不能容忍的紅色警戒線。

甘迺迪沒有做出衝動和預期中的反應，而是選擇了另一個行動。他意識到，需要對眼前的危機做出火速的回應：美國當時面臨的可能是其歷史上最大的生存威脅。同時，他也意識到茲事體大，他需要利用手中能夠掌握的全部時間和情報資源，來做出戰術上精明的應對。他需要把各種不同的方案攤開來，一一進行徹底的審查。於是，他與優秀的助手和顧問舉行了接二連三的會議。關鍵在於，過去這些審議通常由軍事將領和情報局局長主導，他卻破例從以往被排除在外的機構請來各方顧問。甘迺迪總統希望這個小組能夠檢驗各個假設，提出反面的意見並坦率地挑戰彼此的論點。他要求小組成員戴上「懷疑論通才」的思考帽來參與整個過程，也就是放下他們固有的身分及狹隘的意圖，在他們選擇的方案達成一致前，先廣泛地考慮各種可能❷。

該小組夜以繼日、緊湊地工作了兩週，企圖找出一個結論。最後，他們將考慮過的方案縮小至兩個似乎可行的行動方針：採用目標式空襲，摧毀蘇聯的導彈；或者，對古巴進行海上封鎖，防止近一步的武器運輸。在審議結束時，甘迺迪總統下令實施海上封鎖，此策略奏效。雙方皆秉著誠信

與善意派出使節,儘管彼此心存疑慮,但是沒有人真的想要開戰,透過明確且直接的溝通,雙方建立起一定程度的信任。蘇聯隨後坐到談判桌前,同意從古巴撤除核飛彈,美國也祕密同意撤除在義大利的彈道飛彈,這或許就是蘇美兩方釋出善意的表現。於是乎,緊張的戰火局勢得到化解。是什麼使甘迺迪總統能夠採取這種解決之道,而不是順著其他人的鼓吹,落入衝動、非黑即白的思維呢?在幾位頭腦冷靜的顧問協助下,他得以從情緒和本能感受的威脅感中抽身,洞察出需要完成的任務。在那一刻,他的心思是明晰的。

　　古巴局勢解決後不久,美國就被捲入越南的武裝衝突。越戰是一場曠日持久的血腥戰事。羅伯特・麥納馬拉(Robert McNamara)曾於 1961~1968 年間,擔任甘迺迪總統和詹森總統的國防部長。隨著時間的推移,看到越戰進行得如此慘烈,麥納馬拉委託編寫後人所知道的「五角大廈文件」。此文件深入探究越戰背後的複雜,以及烽火連年的原因。在調整戰略或結束戰爭方面,這些原因幾乎都被忽視,因為戰爭思維與戰爭機器的動能太強大了。「沉沒成本偏誤」大行其道,美國及同盟國已經陷得太深,漠視撤軍看起來是多麼合乎邏輯的一步棋。後來,麥納馬拉在 1995 年訪問河內,並會見越戰期間的北越對頭——武元甲部長(Võ Nguyên Giáp)。那是他們第一次開誠布公的談話。這場

對話在三十年前，原本可以改寫地緣政治的歷史，可惜並沒有發生；當時雙方互相存在太多的不信任。2003年，一部著名的紀錄片《戰爭迷霧：羅伯特‧麥納馬拉生平的十一堂課》(*The Fog of War: Eleven Lessons from the Life of Robert S. McNamara*)，點出許多的錯誤和情報失誤，導致越戰且延續了戰火。其中不容忽視的一個原因就是鷹派態度，還有缺乏直接溝通所產生對反對黨的不信任。

人們容易認為，單憑更多的資訊就能做出更好的決定，但事實並不一定如此。今日，我們生活在一個資訊時代，但是訊息的解讀和誤讀，仍取決於使用者的心理傾向。想要善用資訊，必須具備一個清晰、不帶偏見的頭腦。2001年美國遭遇911恐怖攻擊事件後，人們不僅想對恐怖分子犯下的罪行復仇，還想清算十年前與伊拉克及其前總統海珊（Saddam Hussein）的未竟事務。21世紀初，監控科技有很大的進步，當時布希總統（George W. Bush）和他的顧問團利用此資源，來為日後拖延又毫無成效的伊拉克戰爭進行辯解。當時美國和同盟國的許多人，對於發生的一切感到既憤怒又恐懼，這是可以理解的。而入侵伊拉克的主要正當理由是，據稱伊拉克擁有大規模的殺傷性武器。

儘管美方提供許多情報支持這一論點，但事後都證明並非屬實。許多冷靜的首領和世界領導人，包括謹慎的麥納

馬拉，都建議不要入侵。他們的建言沒有獲得採納，戰爭就在美國和其他同盟國的聯合領導下繼續上演。在這種情況下，戰爭的導火線並不是情報和資訊的缺乏，而是對反對派的偏頗態度與強烈的不信任，結果扭曲了情報，以至於它被用來達成一個很可能早已定奪的決策。反對的證據被置若罔聞，這是「確認」與「錨定」偏見的一個例子。與越戰一樣，這些錯誤行為的惡果，在往後的數十年裡會持續在國內外上演。

今天，我們生活在所謂的「資訊時代」，而領導者不僅要在資訊大海裡指揮航行，還要面對愈來愈多錯誤的資訊。這些假消息現在大多在社群媒體上流傳，而社群媒體正逐漸變成人們操縱的武器，成為鋪天蓋地的一種政治宣傳。無論是用來辯護俄羅斯入侵烏克蘭的不公之戰，還是對民主國家的選舉結果提出質疑，社群媒體都被用來煽動情緒、擾亂思想、扭曲觀念和混淆對手的視聽。這些力量使領導者的工作環境極端地複雜化。

如同莎士比亞筆下的哈姆雷特，遭到邪惡叔叔篡位奪冠後，他的心也跟著被誤導、混亂和曲解。哈姆雷特如此描述自己的心境：「就這樣，決心的赤膽本色也因謹慎顧慮而顯得蒼白病態。」過重的心理負擔，無論是外力還是內力所造成的過度思考，都使我們更難有清晰的思路知道該如

何行動。我們看到資訊的暴增和資訊的濫用，正使它從忠實僕人逐步爬上蠻橫主人的位子。如果我們認為，做出更好的決定僅僅是掌握更多、更細微的資訊，那麼我們很可能會失望和被打敗。

看穿戰爭迷霧

　　什麼能夠讓一位領導者暫停下來、再做應對，而不是立即反彈和慌張，或被未經驗證的假設和錯誤訊息扯離正軌呢？上述例子中描述的重大時刻，就是領導者履行責任時的典型寫照，周而復始地處理成千上萬個較小的決定、困境和衝突。在注意力和態度方面，領導者該維持什麼樣的品質，才能做出清楚的應對呢？正如我們在書中深入探討的，領導工作需要甚至要求一種特定的注意力。既能專注又能覺察，同時敞開接受不同的觀點、選擇、假設及意見。此外，持有敏銳的情境意識，懂得「察言觀色」，知道何時該慢、何時該快。基本上，領導工作需要做出有意識的應對，也就是說，領導者必須具備「有意識的注意力」。

　　根據我們的經驗，無論是與企業、政府，還是高等教育機構的領導者合作，光有意識的注意力是遠遠的不足。

我們在大學裡學習技術技能,並在職業生涯的進展中,以此為基礎而繼續精進。領導力的模型與架構隨處可見,但如果你不活在當下,亦即用清醒和有活力的狀態面對眼前此刻的需求,那麼這些都無濟於事。我們觀察到,領導者缺乏能力給予和持續有意識的注意力,因此,這對領導者想展現最好的自己及最佳的成績,可能會造成巨大的影響。

不過,需要培養的不僅僅是領導者的注意力「容量」(我們會在下文中闡述)。如我們在本書中探討的,這個問題基本上關係到資訊時代人們所採用的工作模式,以及隨之而來的文化期望與標準。現在取得資訊的方式前所未有的多元,並在眾多協作工具的支持下,人們期待也會以此狀態持續下去。這些正在改變完成工作的方式,也牽涉到領導力的效能。現代的領導者,似乎大多時候都處於危機狀態。

當領導者變得分身乏術,他們就會長期處於被動狀態,回到黑白二分法的決策,並缺乏計畫和優先順序❾。這種環境會降低領導者的注意力,在認知超載的狀態下,領導者還會做出不切實際的假設,並低估其他選擇。或許最至關緊要的是當領導者感到捉襟見肘時,就會「偷工減料」。當然,這也就是為什麼我們經常在新聞中看到道德醜聞的緣故。

隨時待命的領導者

　　用於協作和溝通的閃亮新工具，承諾為人們帶來巨大的動力、活力和效率。新工具讓領導者隨時掌握大量的資訊，有助於確定優先事項、分配任務及監督進展，並且使企業和團隊能夠快速應對業務環境的變化。在這種工作模式中，隨著目標的實現和解決方案的開展，人們會感到精力充沛、速度飛快，甚至得心應手。然而，這些工作方式也往往會產生一種能量上的傾向，偏好做事、反應、達成目標，唯獨欠缺了領導。很快地，處理大量湧入的溝通訊息變成「工作」，而真正的領導工作，則被淹沒在資訊洪流之中。

　　對於剛擔任領導職位的人來說，尤其如此。大多數有工作的人，都受過某些培訓才能就職；意思就是，具備特定的技能使他們能夠勝任。隨著時間和經驗的累積，我們會不斷地深化和發展這些技能，或許還變成「專家」的程度。對於許多專業人士來說，我們也許在某些領域具備深厚的技能，並能夠進一步靈活地學習和精進，邁入新的知識領域。假如我們熱衷於學習、成長及新的挑戰，可能會不斷增加和發展自己的一整套技術技能。然而，這些都不能稱為領導力。

　　一旦晉升至領導人的位子，我們就踏進了一場全新

的遊戲。我們會很容易感到力不從心、無從掌控，特別對技術專家而言更是如此。一項普遍的反應是，我們會本能地使出渾身解術，來幫助團隊解決他們面臨的問題；此外，為了不出任何差錯，我們會認為自己可以並應該對手上的工作，握有全面周密的控制。不知所措和無法駕馭的感受，驅使我們努力「超越」這個新角色及身邊的每一個人。我們基本上藉著踩油門來保持領先，我們增加自己的（乃至團隊的）工作量和繁忙程度，並經常對工作進行微觀管理，以彌補我們的不安和不堪負荷的感受。

即使是經驗豐富的領導者，他們也普遍認為，自己為過多的優先事務、當責（accountability）及資訊來源疲於奔命。對於老練的管理者來說，通常會優先考慮面對面的互動，以及更有條理的工作模式；反過來說，面對以科技媒介為主的協作和管理，可能會增加他們的認知負擔，甚至形成一種威脅。全球疫情驅使人們選擇遠程或混合的工作模式，這一趨勢造成上述的情形愈來愈擴大。人們普遍的感覺是：新的協作工具會以任務和速度為優先，甚於深度的問題探索解決和人與人的互動。

對許多擔任領導職務的人來說，要跳出這一條充滿過動和反作用力的急流，是非常困難的。我們的技術技能總是把我們往回拉，同樣地，我們天生對任務達陣成功的渴

望,以及許多人被迫接受的「隨時待命」工作模式,全都會把人往回拉。然而,當曲球出現的時候,問題就來了。當出現更複雜的人員問題(如心理健康、動力、團隊士氣和人際衝突),或意料之外的衝擊(如策略變化、改組或新科技),領導者往往缺乏相關的技能或「認知儲備」,得以及時調整步伐和妥善應付。由於領導者陷入「做」與「反應」的循環,重要的策略及人力配置的工作就顯得拙劣,又或者根本沒有做。

什麼在驅動我們隨時待命?

與領導者合作的經驗,以及各種相關研究的參考,引領我們發現有兩大主要的力量,在強烈影響著「隨時待命」的領導模式。一種力量我們稱之為「環境驅動力」(environmental drivers),另一種我們稱之為「文化強化力」(cultural reinforcers)。每一種力量都是相互支持的,工作環境的改變會觸發文化的改變,接著進一步帶動環境的轉變與適應。我們認為這兩股力量,是隨時待命的工作模式,以及領導力所面臨的挑戰核心,也是找到解決方案的鑰匙。

環境驅動力

近年來,人們的工作方式發生了天翻地覆的變化。傳統的工作環境,由階級更分明的結構所組成,大量依賴面對面的互動,這些如今都已經成為過去的產物。傳統的各種界線——高階主管與他們的團隊之間(如主管擁有自己的辦公室),討論與執行之間(如開會不等於完成工作),工作與非工作的時間之間,都已經被有意識地撤除。儘管這些新趨勢有機會開啟高度的彈性和效率,但同時也存在著經常被忽略的嚴重弊端。

開放式辦公室就是一個顯而易懂的例子。開放式格局的設計,用意在於加強團隊成員之間的連結與協作。主管與員工們坐在一起,藉此打造出一個公平的競技場,於是人們認定:創意勝於管理職權。這種空間設計會創造偶然(且不可控)的「相遇」,原本象徵著成員之間資訊的共享與連結的建立。可是,除了這些好處之外,開放式的工作環境也教人付出代價,這些都有據可查,包括員工不能專注於任務、進行深度思考和避免分心。我們是不是經常聽到同事說「我在家能做得更多!」呢?

研究發現,在開放式的辦公室,與同事共處一室的職場環境,員工們通常會受到更多的工作干擾,因而削弱他

們的能力去完成更複雜的作業❹❺。有趣的是，一項研究發現：事實上，開放式辦公室破壞了同事之間面對面的溝通❻。這項研究追蹤了兩家《財富》（*Fortune*）雜誌五百大企業，他們轉變成開放式辦公室的過程，結果發現面對面交流的比例驚人地下滑了 70%。員工們擔心打擾同事，又不希望偶爾的交談被近在咫尺的幾十個人聽到，於是轉而使用線上即時通訊軟體。實體空間的緊密相連，實際上卻把人與人的距離拉得更遠，進而把他們推向隔離、私密的線上交談模式，破壞開放式辦公室原本為強化員工連結的設計意涵。

也許一個更大、影響更深遠的趨勢是，更加先進的線上協作工具如雨後春筍般紛紛湧現。這些工具可以建立虛擬的工作空間，讓人們能夠進行高度繁複的協作，及專案任務的管理。線上平台如 Slack、Asana 和 Monday.com，都只是市場上眾多數位管理工具的一小部分，主要的設計目的在於幫助規劃和交件，以及追蹤團隊成員在合作專案中的表現。儘管這些工具可以大幅提升生產力和效率，但是也帶來一些風險與挑戰，而人們對此尚不甚了解。

由於更新通知和干擾的頻率很高，人們的注意力調節能力受到影響，就變成主要的問題，致使持續專注於複雜任務的能力變弱，這些都攸關一位領導者的核心事務。協作工具具備即時通訊的功能，表示無論何時何地，只要你在線

上,協作者就能隨時與你取得聯絡;你會很容易受到打擾。根據一個針對這些工具所做的最新評語描述如下:

> **在大企業的員工,平均每人每週發送 200 多則 Slack 訊息……要跟上這些對話簡直就像一份全職的工作。一段時日之後,這些軟體就會從幫助你工作,變成讓你無法完成工作❼。**

這些訊息如洪水氾濫,使我們偏離首要的任務,從努力完成原本應該做的工作,轉移到掌握各個收件信箱裡大量出現的所謂「工作」。為了理解在科技媒介的環境中,員工通常會面臨多少次的干擾,一組澳洲與英國的研究人員,針對澳洲一家大型電信公司的主管和員工進行了調查。他們的研究發現,根據員工的描述,平均每天在工作場所被干擾的次數為 86 次❽。意思就是,在一天八小時的上班日裡,每小時會被打擾十幾次!這些中斷會對人的認知造成影響,因為人需要時間恢復注意力,才能重新投入被打擾前正在專注的事務。這情況好比是,不斷重新啟動一個被暫時擱置的文件。而這些干擾也會帶來經濟面的影響。例如,一項針對美國知識工作者(即在金融、醫療保健、教育和工程等產業工作的人)的研究發現,這些工作者平均每天要經歷 2.1 小

時的工作中斷。據估計，這些干擾每年對美國的經濟造成 5,880 億美元的損失。

在以溝通為主力的職位，上述這些影響可能更加嚴重。比方，在前述的那項澳洲電信公司的研究報告中，公司內部的員工表示，平均每天花 5.5 小時進行溝通（如會議和用科技媒介的溝通）。如此一來，平均一個工作天僅剩下兩小時能用來完成要務。可見一天以內，有超多時間可以用來打擾別人，以及被別人打擾啊！

最後，員工所面對的經濟激勵制度（如獎金和其他績效獎勵），也會進一步擴大這些影響。有一項極有趣的研究，對象是某位在《財富》雜誌五百大企業工作的軟體工程師，其結果發現高度的工作相互依賴性，再加上競爭性的獎金激勵制度，導致員工愈頻繁地打擾彼此[9]。當面臨這種獎金激勵制度的重磅壓力，似乎意味著，你不會深思熟慮且機敏地去思考同事的時間和關注度，在何時打擾是適宜的。

另一項相關的研究，則是以美國和印度的工程師為觀察對象，結果發現在個人主義職場文化中，尤以個人績效獎勵機制突出的，更容易使工程師把來自同事的協助詢求視為是工作上的打擾，而不是作業必要的一部分[10]。換句話說，工作干擾對人們作業上的負面影響，似乎會因個人主義的職場文化而更加惡化。這些在工作的做法和場域方面所發生的

結構變化，共同營造出一個令人難以保持專注和深入思考的工作環境。

文化強化力

在隨時待命的工作型態當中，除了環境驅動力，還有文化強化力。後者指存在於工作場域中的社會期望、假設及行為模式，進而強化我們前面所描述的環境驅動力。比起環境驅動力，這些文化強化力不那麼具體，可能也不那麼明顯。但是，它們對個人如何工作有著巨大的影響力。

例如，從辦公桌轉換到行動科技的作業模式（一個「環境驅動力」），對於管理者的期望值是一個巨大的改變，員工在何時、何地會回覆訊息，以及下班後完成的工作量有多少，都不能同以往一樣地考慮。這些期望往往是心照不宣的，並形成一種自我強化的文化，促使人們在下班後繼續合作，建立起一種集體意識，把這種現象視為常態，甚至是預期的必然。一旦團隊或企業中的大多數人都以這種方式工作，那些不會或不能在下班後工作的人，就會愈來愈難設定界線。即使公司或專案團隊明確地表示「人們可以選擇工作的時間」，社會上對於加班還是會有一定的預期。由於我們

是一種社會性動物,因此這些社會「暗流」可能很難抵擋,儘管它們往往沒有被表達出來。

一項研究採訪了 48 名英國的知識專業人士,探討科技所帶來的靈活性[11]。令人震驚的是,這些研究員發掘到一個所謂的「自主性悖論」:雖然持續的工作連結性,讓人們認為自己有更多的自主性和靈活性,可以在適合自己的時間和地點工作,但是實際上卻產生相反的效果。這些專業人士感覺到愈來愈多的約束和控制,因為他們承受愈來愈大的社會壓力,必須隨時對工作問題做出快速回應,畢竟這已成為整個企業的準則。這種表面上的自由在初期所散發的吸引力,很快就變相成了暴虐,充斥著必須隨時隨地回應的期待。

另一個問題是組織的「多工時間觀」(polychronicity),或是員工在一定程度上認為,自己服務的機構會重視和優先考慮多工作業的能力[12]。這種做法甚至在徵才內容中,被形容為「可取的特質」。我們可以說,網路世界使多工作業變得普遍和複雜,是以往所前所未聞的。相較於在會議中只是努力做筆記和聆聽,線上協作意味著,人們在數個平台上同時執行許多任務,並隨著訊息和提示的送達,在平台之間切換(或者經常做出回應)。因此,多工作業可以說變得比以往任何時候都更加複雜,大腦的認知負荷也更大。在許多組織裡,這種工作方式已經成為常態,甚至是期望。它迷惑我

們，造出一種假象：我們可以完成更多事，擁有更充實的生活。

在競爭激烈和績效導向的職位與工作場域中，這些文化強化力可能更巨大。在缺少穩健機構（如工會、工作保障等）保護平衡工作量的國家或部門，以及在高薪工作需求大、但職缺不足的地方，文化強化力也會顯得更強勢。在這些環境中，工作壓力可能非常沉重，表示員工在工作文化上不得不與工作保持緊密連動，並在下班後照樣回覆訊息，以保住飯碗。某種程度上，這個趨勢引起一種被稱為「智慧型手機依賴症」的現象，背後的動機就是，人們需要全天候關注自己工作的動態。

最近有一項研究，對中國員工的智慧型手機依賴症進行了調查。透過執行，研究人員調查 10,233 名中國白領專業人士。研究發現，這些專業人士當中，有多達 80% 的人對智慧型手機產生高度依賴。他們認為有必要在工作時間之外，繼續與職場保持聯絡，好讓人看見他們在盡職盡責[13]；在韓國，研究發現 70% 的韓國員工，經常在正常工作時間之外，使用智慧型手機來完成交辦的業務[14]。另一項針對韓國員工的研究發現，在下班後使用與工作相關的智慧型手機，牽涉到更高的疲勞過度比率。如果員工認為自己的工作環境並不支持他們，這樣的疲倦感就會益發嚴重[15]。儘管這

是一種普遍的全球現象,但是在個人壓力更大的產業和國家,這些與隨時待命工作型態相關的文化強化力,似乎愈是變本加厲。

整體而言,這些工作文化假設、期望和壓力,環繞著積極的回應、多工作業和媒體使用等行為,顯然大大地加強隨時待命工作型態的環境驅動力。接下來,讓我們探究一下,這種工作文化在企業下游對人們所造成的一些影響。

下游人力的衝擊

就「隨時待命」的工作型態對人類的影響而言,有科學研究指向一種「慢性紊亂症狀」,會破壞人們頭腦的清晰度、應對複雜事物的能力、下決策的品質,以及工作中體會到的連結感和愉悅感。我們認為,專業人士主要從三個面向,感受到這些潛在的不利因素:

❶ 認知上的影響
❷ 幸福上的影響
❸ 社交上的影響

🚀 認知方面的影響

關於隨時待命工作型態所造成的衝擊,被討論最多的,也許就是它對大腦認知能力的影響。幾乎每一項工作,都要求個人能夠把注意力集中在手頭的任務上,分清輕重緩急做出決策和規劃。對於領導者來說,這些技能是領導他人的基礎。在過去十年中,愈來愈多的科學研究開始強調,隨時待命的工作如何影響我們的認知能力。在此,我們僅舉出兩個例子說明。

認知神經科學的研究有趣地揭示,指出領導者有釐清「輕重緩急」的能力問題。最早在這一領域開始的研究者,就是史丹佛大學的克里佛德‧納斯教授(Clifford Nass)。納斯與他的團隊希望了解:「媒體多工作業」如何影響人們的能力,從事更複雜的認知工作任務。對許多人來說,我們一天絕大部分的時間,都花在多個協作平台與溝通管道來回緊張地工作上,還要同時操作多個裝置(智慧型手機、平板電腦和其他媒體)。

不過,我們參與這種作業的「姿態」重要嗎?有些人發現自己能夠在 APP 應用程式及裝置之間,快速地切換和反應(有些人告訴我們,能確實做到多工作業或同時做兩件事,其實是神話);有些人則能夠保持專注,不易分心。這兩者之間是否存在差異呢?2009 年,納斯與他的團隊針對

這一問題進行了研究,並在科學發現上立下新的里程碑。他們的研究結果顯示,長期從事「媒體多工作業」(即經常嘗試利用媒體／數位裝置同時完成多項任務)的人,在複雜的認知任務與工作記憶測試方面的表現,都遠遠不如那些不會一心二用的人。納斯發現,長期習慣多工作業的人,他們的認知能力非但沒有提升,反而愈做愈差⓰。

此後的研究都重複導出這一個根本的結論:試圖同時把注意力集中在過多的資訊上,會損害我們的認知能力(如記憶力差、決策力受損、壓力增大、錯誤增多、溝通更不良)。例如,最近一項關於美國知識工作者的研究發現,當員工利用電子郵件,或其他文字交流方式來解決複雜問題時,不僅會影響他們在當前任務中的表現,還會影響他們如何應對後續複雜或模稜兩可的工作任務⓱。這麼看來,利用科技通訊來處理複雜的問題,似乎會產生一種「認知虧損」(cognitive deficit),波及且有損於我們面對其他任務時,運用重要執行功能的能力。一項研究闡明,多工作業對閱讀的理解力和效率,也會造成不良的影響,在時間有限的情況下更為顯著⓲。我們或許以為自己會做得更多,但事實恰恰相反。

🚀 幸福方面的影響

隨時待命的工作型態所影響的另一面向,就是我們在工作內和工作之外的感受。無法關機和離線,使我們長期背著壓力和罪惡感,即使當我們渴望關機卻仍感覺煎熬。這種感覺往往與任何特定的問題無關,而是一種需要做事或做出回應的潛在感受,又稱為「注意力缺乏特質」。當然,這也可能與某個具體的問題有關,我們會發現自己整天都盯著它思量,到晚上也不放過!這方面的研究已經發現一些不同的影響。一個是比較直接的:當我們試圖同時做很多事情時(即多工作業),會馬上感受到情緒失衡及挫敗感。例如,美國一項關於多工作業的研究發現,經常在多元媒體介面上進行多工作業的人,行為表現上顯得較衝動,執行控制與情緒調節的能力較弱[19]。另一項在美國進行的研究,不僅深入多工作業,還更廣泛地調查了行動裝置的重度使用者,結果再次發現花較多時間在行動裝置上的人,會表現出更多的衝動行為,延遲滿足的能力較弱[20]。

另一個影響是前文討論的「裝置依賴症」,屬於日積月累的影響。這種感覺更為普遍,使人認為有需要與外界保持聯絡,並不斷檢查工作進展。這方面的研究顯示,一旦我們對行動裝置產生這種依賴,心理健康的狀況就會跟著變差(比如承受更多壓力、負面反芻更多、焦慮更大)[21]。此

外,裝置依賴症與個人自我價值感較低,甚至與對未來期望低都有關聯㉒。最後,透過數個縱貫性研究發現,網路依賴症與情緒調節變差有關。例如,我們進行的研究發現,強迫性使用裝置會持續導致情緒調節上的困難,包括降低 EQ,以及在出現負面情緒時難以達成目標㉓。這些都是身為領導者的關鍵技能,他們必須能夠調節自己對情況的情緒反應,以確保團隊的專注力和凝聚力。

🚀 社交方面的影響

隨時待命的工作模式所帶來的第三個影響,就是動搖我們與社會的連結。人類根本上是一種社會性動物,而科技的進步大幅提升了我們與彼此溝通的能力。這種連結性能夠建立我們對社群的歸屬感,並與其他人分享經驗。但與此同時,大量膚淺的、任務導向的交流,可能並不會使這種連結感更好,反倒會造成耗損。有研究已經開始試圖釐清,當密集使用多媒體下,將會如何影響個人的社會連結感與社會支持。這對於工作團隊和他們的領導者來說,要如何建立一個緊密連結、相互協作的工作環境,極其重要。

例如美國的一項研究,調查智慧型手機的使用是如何影響人們對於社會連結感及社會支持的感受。研究人員發現,使用智慧型手機進行直接、人對人的互動,會增加人們

的社會連結感,這個結果可能早在你的預料之中。然而,有趣的是,當人們沉迷於自己的手機時(稱為「問題性智慧型手機使用」),前述的效應就會顛倒過來,他們從自己的社交網絡中感受到的明確支持竟然減少。這背後的原因可能是,網路上人群的線上活動及較表面的交流,取代了他們與社會支持之核心源頭的真實連結(家庭、朋友及同事等)。因此,如果我們過度依賴電子裝置,非但不會增加社會連結,反而會減少個人所獲得的連結與支持。

這對領導者具有什麼意義?

針對這些問題的研究正在迅速展開,挖掘出嶄新且重要的洞見,剖析我們如何與科技互動,以及這種互動對我們領導能力的影響。本章內容主要在強調,我們認為衝擊比較明顯的幾個方面為:認知能力、幸福感及社會連結感。然而,我們的目的不僅僅是凸顯問題,還要探討領導者及他們的組織該如何應對這些挑戰:充分利用科技帶來的好處,同時不會犧牲我們自己或我們所關心的人。在本書接下來的章節,將會更深入地闡述,我們眼中領導力的核心任務——目標、優先事項、人、個人——說明組織在 21 世紀要保持成

功,所需要培養的決定性領導技能。我們將透過各章節,來詳細解說領導力的每個「P」。

在隨後每一章的結尾,我們都會安插一個小單元,概括各種容易執行的個人技能,並根據內文所探討的議題提出若干明確的建議,旨在解決所探究的問題。如此一來,如果你願意,就可以把本書當成練習手冊,也許每週或每兩週閱讀一章,在確實掌握技巧之後再進入下一章。我們的目標是:提供一套領導者可以培養的實用工具、習慣和技能,從而支持你、你的團隊和你的組織,茁壯成長。

Chapter

2

聚焦目標

Purpose

相信很多人還記得，2018 年 7 月，12 名男孩和他們的足球教練，受困於泰國偏遠地區巨大的淹水洞穴，最後獲救的奇蹟。男孩們在參加完足球訓練後，決定去洞穴探險。在此之前，他們曾多次進入該洞穴，可是這一次卻讓自己陷入了危險。他們不知道外面下起了雨，導致洞穴內開始積水；當時正值雨季的高峰期。男孩們的腳踏車被發現遺棄在洞外，當地居民於是報警處理。這群男孩和教練失聯的消息，迅速引起國際媒體的關注；另一邊，泰國當局則想盡辦法，在偏遠山區的巨大洞穴系統中尋找這群人的下落。而此時洪水正迅速灌入洞穴。

隨著消息的傳播，世界各國政府開始提供援助。官方請來技術專家、工程師、後勤專家和地質學家，協助制定尋找這群人的策略；如果他們還活著，就設法把人救出來。泰國政府在洞穴外設立了一個指揮中心，開始協調泰國的軍方、警力、緊急救援服務、志工，以及從海外飛抵的國際專家等各界力量。

這次救援行動的總指揮官是清萊省（Chiang Rai）代理省長納隆薩（Narongsak Osatanakorn）。面對如此大量的媒體關注、如此多的支援，以及大約一萬名志工圍繞著現場，納隆薩在救援中的領導作用至關重要。他知道，他們正在與時間賽跑。但是，為了獲得最大的成功機率，每個人都必須

步調一致，全心投入自己的工作。據報導，在救援行動的一開始，納隆薩曾經對這群救援人員和志工如此說道：

任何無法做到充分犧牲的人，都可以回家，與家人待在一起。你們可以簽完名直接離開。我不會舉報你們任何人。至於那些想要留下來一起奮鬥的人，你必須能夠隨時整裝待發。把受困的人當成是我們的孩子❶。

這番話會發揮什麼作用呢？它將救援者的注意力集中在：a）他們是否願意去那裡；b）他們為什麼要去那裡。透過發言，納隆薩明確釐清了他們行動的目的，切入核心。這段聲明也為所有參與救援的人員，建構了一個強大的「情感基礎」，使他們可以據此做出所有決定和採取行動，就是「把受困者當成是我們的孩子」。

目標一致，指揮統一。在泰國當局的領導和國際專家的協助下，救援小組開始研究如何找到那群男孩。最後，他們決定派出洞穴潛水員進去尋人。令世人難以置信的是，就在第九天，男孩們及他們的教練被發現還活著。他們之所以能夠幸存下來，主要有兩個原因：首先，在受困的洞穴裡，他們喝的是岩洞邊緣流淌下來的淡水。其次，他們的教練是一位經驗豐富的靜坐者，他教導男孩們在整個磨難過程中讓

身心處於當下，保持內心的平靜並節省體力。因此，當救援人員發現那群男孩時，他們的身體和精神狀況都非常好。

接下來，救援小組制定了一個高風險的營救計畫，給每個男孩（不諳游泳）注射鎮靜劑，在為他們穿戴潛水衣和氧氣面罩後，引導他們穿過洞穴系統中咖啡色的黑暗水域。不幸的是，在救援行動開始的前一天，一名泰國海豹突擊隊隊員，在沿著險峻的路線放置氧氣面罩時犧牲了。那場意外向所有人詔示了，此救援行動暗藏的危險性和不確定性有多高。

然而，納隆薩仍然決意繼續執行這項營救計畫。如果再拖延數個星期，等待洪水退去，那麼孩子們的健康狀況就會開始惡化，即使這樣也不能保證水位會下降。來自澳洲阿德雷德的麻醉師理查德·哈里斯醫生（Richard Harris）和退休獸醫克雷格·查倫（Craig Challen）皆是潛水專家，負責帶領救援小組實施拯救行動。總之，這個營救計畫奏效。孩子們和教練一個接一個被注射鎮靜劑，最後順利被救出。經過八天的營救，12名男孩和他們的教練全部安全脫險。

納隆薩究竟具備了什麼樣的領導能力，使救援計畫得以一舉成功？這顯然有很多因素發揮了作用，其中包括很大比例的好運氣。不過，就拯救行動本身而言，誰也不能保證一帆風順。泰國的不同組織、一萬名志工及多位國際專家的

參與,這之間的互動很可能使整個任務陷入泥沼,充滿衝突和決策失誤外,還可能導致少年足球隊罹難。然而,泰國的救援負責人卻能夠引領這群背景各不相同的參與者,把他們的注意力集中到自己的核心任務上——他們的目標,並以冷靜的態度讓人們投身於其中。

一個令人信服的需求

在危機時刻,這種如雷射般的專注力,可以說相當容易產生。納隆薩甚至將那次的救援行動稱為「一場戰爭」。危險清晰可見,成敗對比鮮明。換句話說,有了明確而迫切的需求,其他一切都可以圍繞著這個圓心配置。相反地,當迫切的需求不那麼明確,甚至似乎根本不存在的時候,任何行動、團隊或計畫的領導者,又該如何保持這種雷射般極度的專注力呢?在面對長期的作業,或工作的影響力較不具體的情況下,領導者要如何維持團隊的績效與承諾呢?

讓我們來看看吉娜維芙的故事。她在美國佛羅里達州邁阿密市的一家大型全球性銀行服務,帶領一個由大約 50 名專員和財務人員組成的團隊。該團隊的職責,在確保銀行向企業客戶發放新貸款時,這些交易的法律和監管「後端」

流程是正確的,並透過適當的信託和監管檢核。這聽起來鼓舞人心嗎?吉娜維芙的團隊主要負責處理文書工作。他們與銀行的其他部門進行後續聯絡,以獲得簽批或遺漏的資料,然後將其輸入龐大的資料庫。事實上,他們的工作茲事體大,牽動著銀行整體是否能順利運轉,而銀行對許多人生活的財務存續性不可或缺,但團隊成員並沒有意識到這一點。

雖然吉娜維芙剛剛擔任領導職務,但是她很快就意識到團隊缺乏明確的目標。事實上,在過去三個月裡,約有三分之一的團隊成員離職,她為了填補空缺而感到艱難。吉娜維芙決定採取行動。在人資部同事的協助下,她設計了一套與團隊的對話,清楚表達他們在企業中的核心職能是什麼,以及他們的工作為什麼重要。她尋求大家的意見和構想,與其關注銀行營運,吉娜維芙將團隊的注意力集中在核心需求或問題上:做為一個團隊,他們的存在原本就是為了解決這些問題。

經過數週的反覆推敲,他們最後制定了一份簡單的聲明,內容如下:

我們的存在是為了支持美國乃至全世界的家庭、社區、學校和企業的財務健全和豐裕。我們為每一位服務的對象,提供絕佳的體驗。我們以自己的工作為榮,用付出的辛勞獲

得豐厚的報酬，並致力於互相扶持，將我們的工作做到最好。

　　吉娜維芙的團隊成員於是能夠從狹隘的視野，拓展成有未來的遠見。同時，她還為成員精確地指出，身處該單位的核心理由，即他們的存在應當負責的基本需求。這並不是從洞穴裡拯救孩童，可是對吉娜維芙和她的團隊來說，這個理由足以驅使他們每一天起床，知道為何他們要去工作：為了他們所服務的家庭、社區、學校和企業的財務健全和豐裕。

　　除此之外，吉娜維芙還跟她的團隊清楚表達一些更具體或更直接的動機。他們致力於為主要利益相關者提供優質服務，要為自己的工作感到自豪，並因此獲得豐厚的報酬，同時互相支持。這些較具體、近在眼前的目標是很重要的，尤其是當它們與最終「大藍圖」的宗旨連結在一起。更不用說，這些具體的聲明展現出一種誠信。「我們付出的辛勞獲得豐厚的報酬」，藉由加入這句話，他們承認，對於團隊中的許多人來說，他們目標的核心就是：養家糊口和建立自己的財務安全。他們不僅承認這項動機，也明確地陳述出來。

　　正如吉娜維芙的實例所說明的，要產生明確的目標，領導者仍然需要將他們的人員和資源，與迫切的需求串連起來。只是，你如何做到這一點，如何保持目標的吸引力，會

因為你身在危機中而有所差異。根據我們與武裝部隊、緊急服務機構、企業等團隊合作的經驗，領導者需要根據情況的變化和組織中人員的去留，不斷地調整和更新他們與組織宗旨的連結方式。就像舞者會密切關注舞伴的一舉一動，領導者也要針對團隊或組織不斷改變的需求和狀況，保持清醒和警覺並做出妥當的回應。雖然目標通常是一個相對穩定的「羅盤方位點」，但達成目標的途徑必須保持鮮明。目標必須是活的，為維持其活力與鮮明度，勢必要與某個需求串連，而且服務的範圍遠遠超越相關人員的個體利益。

內在動機

數十年來對人類動機的研究成果，為我們提供許多關於目標的啟示。這些研究提出了非常豐富的見解，切入領導者在掌控「目標組合」時需要具備的「心理素質」，以確保該目標具有吸引力和關聯性，並能夠在大量資訊飽和環境裡不受噪音干擾。其核心概念，在於「內在動機」與「外在動機」的區別。內在動機，指的是做某件事是因為它能帶來內在的滿足感，或者因為它符合個人深信不疑的價值觀。外在動機，指的是做某件事主要是為了獲得外界的獎勵。

當人們體驗到內在動機時，他們會在工作中感受到參與感、活力、快樂和滿足感；他們顯得更加投入、更加敬業。相較之下，當人們出於外在動機而做事時，外界的獎勵會是他們主要的驅動力；如認可、社會地位、形象、權力和影響力、財富，或是為了避免失去上述這些東西。大量的科學研究顯示，當人們的行為主要受外在動機驅使時，他們的幸福感及滿足度往往會降低，面對困難時也比較不容易堅持到底❷。外在動機如加薪、社會地位和晉升，會將我們的注意力集中在獲取渴望的回報上。這意味著，一旦我們獲得了回報，所有的動機和努力就會逐漸消失；以至於在逆境中，我們的精力或情感也無法得到支撐。反觀內在動機，則具有相反的作用，那就是即使在我們沒有立即獲得回報，或者面臨逆境的時候，這些內在的激勵仍能繼續支撐我們的行動。

如此說來，領導者的工作就是創造一種具備內在動機的目標感。當人們心有所感，明白自己為什麼要做這樣的工作，以及這樣的工作為什麼重要時，他們的內在動力就會更強。藉機將動機「內化」，也就是融入到個人的自我意識、身分認同及價值觀當中。領導者的其中一項核心任務，就是協助人們對共同的使命感、目標和價值觀產生連結，或者進行內化。

這方面相關的神經科學研究也很精彩。當人們體驗到

更多的內在動機時，會啟動和活化大腦裡的多巴胺神經元，而這正是大腦獎勵系統的反應之一❸。多巴胺是讓人「感覺愉悅」的神經傳導物質。多巴胺的釋放與許多好事有關，如正向情緒、認知靈活性、創造力和完成任務的堅持不懈❹❺。此外，大腦的神經造影研究發現，內在動機會活化大腦內一個被稱為「執行網絡」❻（Executive Network）的區域。執行網絡就像大腦的領導階層，對於我們集中和控制注意力、進行策略性思考，以及調節回應和衝動等極為重要，而這些能力對任何領導角色都十分關鍵。神經造影研究還進一步發現，當我們持有內在動機時，大腦中「預設模式網絡」（Default Mode Network）會相對比較不活躍❼。當我們分心，以及用「自動駕駛」模式行動時，就是「預設模式網絡」運作的時間；這個網絡負責讓人反芻思考和胡思亂想，不過，長期過度的活躍則與失智症的發病有關❽。

　　這項神經科學研究指出，如果領導者能夠引導激發令人信服的目標感及使命感，利用內在動機激勵每一個人，那麼他們的員工將會更加敬業、專注、嚴謹，也更有可能在工作職位上堅持到底。反之，當處在緊張忙碌、隨時待命的工作環境中，「自動駕駛」很容易會成為預設的工作模式。此時上述這些好處就會顯得更加突出。在這些工作設定之下，內在動機的屬性就比以往任何時候都更加重要。

真誠的投入

關於建立明確又富有動機的目標感，還可以從另一個面向著手，那就是「真誠度」，即對自己和他人真心、真誠或真實的品格。當人們看見領導者展現出這些特質，自然會給予尊重和信任。透過真摯與誠實的態度，領導者可以劈開噪音和干擾，打造一個一致的目標。

藉由擊中工作內容的情感「核心」。泰國救援小組的指揮官能夠驅動整個救援隊伍，圍繞一個一致的目標投入行動；在吉娜維芙團隊的例子中，首先強調的是工作的核心目標：「我們的存在，是為了支持美國乃至全世界的家庭、社區、學校和企業的財務健全和繁榮。」然而，認可該團隊忠於「我們付出的辛勞會獲得豐厚的報酬」，這對團隊成員來說也極為重要。儘管這項目標可能比較偏向外在的動機，卻是一個實實在在的激勵，連結至團隊每個人更深的需求：養家餬口，擁有能夠享受生活的資源。透過擁抱這個基本需求，即使是外在動機，也會轉成內在的回報和動力。

關鍵的差異在於，如何找出這些內在和外在的驅動力。當這些驅動力是來自高層，強加在個人身上，人們並不會認為擁有或重視這些價值，也看不到更大的願景，那麼即使是所謂「崇高」和「目標導向」的使命宣言，也不會得到

廣泛的認同。這些驅動力不能由上而下來制定，而是需要透過探索和共同擬定的方式；外在動機也應該如此。假如不了解「為什麼」要提供外在的紅蘿蔔（或棒棍），人們就會盲目追求獎勵，或急於達到目標，卻始終不明白為何重要。相反地，如果像吉娜維芙的團隊那樣，一旦認定內在與外在的動機，並屬於團隊本身「所有」，而且與基本需求相連結，那麼綜合起來就會成為工作上強大的驅動力。

總而言之，明確而共有的目標感能激發內在動機，這對提高員工的參與度和績效大有裨益。此外，立定目標必須真實，並且與實際的需求相結合。高明的領導者會首先考慮到，如何將團隊與內在動機連結起來（如服務客戶，或為我們的工作品質感到自豪），同時確保外在的動機（如經濟獎勵），將有助於而不是違背這一主要目的。根據研究和我們的經驗，領導者需要協助人們與基本的需求相連結，如此一來才能支撐起各種不同的動機。

以目標為導向的領導力挑戰

在進行完背景描述之後，我們現在來解析三大挑戰。我們認為，為團隊或組織植入目標，這三大挑戰相當重要，

而且在隨時待命、資訊飽和的大環境下，情況變得更棘手。第一個挑戰是，領導者如何在團隊或組織中，有意識地釐清明確的目標。其次是，領導者如何使這個目標和意圖，常保鮮明、清楚又具體。最後的挑戰是，領導者及其團隊如何利用目標來解決複雜的難題。

雖然這些都不是新的挑戰，但是在工作節奏快，人力異地分散，高度結果導向型的工作環境中，要克服這些挑戰卻十分困難。此外，在許多職場上，我們今天所做的工作，與明天「有形的」或「人性的」結果（意思就是，團隊中的個體無法親身感受到，或觸摸到自己的工作所產生的效應）並沒有明確的關係，這種情形非常普遍。在遠距工作的環境以及現代經濟體的許多領域，這是一種常態。在這種常態下，領導者如何才能：a) 跨越雜音和瞎忙；b) 將人們與令人信服及鮮活的需求連結起來？這些無疑是燙手山芋。接下來，我們將針對每一項挑戰進行解讀，並提出一組焦點問題，供領導者在處理目標相關的問題時參考。

❶ 釐清目標

過去十年間，許多學術研究開始嘗試了解，領導者如何在組織中建立和維持共同目標，以及「隨時待命」的文化對此產生的影響。其中一項研究試圖剖析，在支持自己所領

導的成員,以及讓他們發揮最大作用兩方面,領導者的能力如何受到密集科技應用的影響。這包含著一個很大的問題就是所謂的「科技壓力」,在這種情況下,我們感受到工作上的科技訴求,包括線上溝通,全部使我們的工作變得更加困難,而不是更加輕鬆。這就是我們在工作中被科技壓得喘不過氣來,感到壓力山大的地方。

最近針對一家美國公司進行的一項研究發現,當經理人體驗到科技壓力時(即在工作中感到被科技壓得喘不過氣來),他們會採用更多「交易型領導」(Transactional Leadership)行為[9]。顧名思義,交易型領導指的是,領導者將自己與團隊的關係視為交易關係,以任務為界線,將領導重心放在推進任務上。這本身並沒有錯,但是交易型領導並不注重領導力當中更為人性化的要素,比如促進員工的成長與發展、滿足個人的需求,或提供一個明確的工作意義或目的。交易型領導的座右銘,可以形容為:「上工,完成工作,下工。」

更令人擔憂的是,另一項針對美國領導者的研究發現,承受「科技壓力」的領導者,更傾向於採取「自由放任」的領導風格。自由放任的領導風格,牽涉到脫離和忽視基本的職責,如擬定目標和確保團隊達成任務。自由放任的做法肯定會輕忽團隊目標的明確性,它是一種「袖手旁觀」

和「僵持不讓」的領導方式。這項研究與我們合作過的許多團隊經驗相吻合：領導者一旦感到負擔過重和「科技壓力」過大時，領導工作就會中止。資訊超載導致大腦認知負荷過高，進而造成決策能力不濟、創造力降低[10][11]。

以蜜雪兒為例。她經營一家新創公司，從最初只有 4 名軟體工程師的小團隊，發展到今日擁有 25 至 30 名員工的大團隊。為幫助全員轉型成為更大規模的企業體，同時更加妥善地協調每個人的定位與作業範圍，蜜雪兒和她的團隊使用兩個線上的協作應用程式，來管理他們的工作和專案計畫，以及對新的優先事項做出快速回應。

他們的團隊結構非常扁平，賦予員工決策權和主導權。蜜雪兒的員工高度投入、積極主動、工作出色。然而時間一久，團隊內部開始出現裂痕。企業內部已然成形的文化就是，自動說「是」，接著「實現成真」。但是，隨著公司過去兩年的成長，員工的工作量也逐漸地增加。表面上充滿活力、積極和樂趣的文化，似乎隱藏著更深層的疲勞、筋疲力竭，甚至是過勞的問題。企業本身不斷地發展壯大，以致於在經營過程中，蜜雪兒感到非常吃力。因此，她所面臨的挑戰就是，從日常的「繁忙作業」中抽身出來，創出一個空間，好讓自己能夠更坦誠地與員工交流，談論他們目前的感受，以及需要改變的地方。

當領導者退後一步，積極建立明確的工作意義，並制定一套原則，管理工作該如何及何時完成，這麼一來人們就會減少激烈的反應和壓力感。一項針對美國領導者的研究，專門探討「工作狂」的問題，即員工很難從精神層面跳脫工作⓬。它有時被混淆為「工作投入」的一種表現。工作狂跟你熱愛工作是截然不同的，熱忱與濃厚興趣是健康的；工作狂則是指熱忱和濃厚興趣失去控制，演變成對工作的痴迷或上癮。當我們沉迷於工作而無法自拔時，最終會犧牲生活中其他重要的部分，如家庭、運動和睡眠。

這項研究發現，當員工明確知道自己的工作目標時，工作狂的有害影響就會減弱，團隊成員也更有能力從工作中抽離出來，並在需要時暢所欲言。這就好像一個明確的目標意義，會幫助人們對工作持有一個清晰的「指南針」，並以此為指導原則，而不是被實現雄心勃勃的短期目標（以犧牲長期健康為代價）、立即獲得的「高糖興奮感」所左右。

以正念為基礎的介入，之所以能夠同時提升工作績效與幸福感，其中一個主要理由是，正念可以幫助一個人活在當下——不僅在工作時間內，在工作以外的生活當中，也能活在當下⓭。這麼做，可以創造出一個空檔，讓一個人的精神得到放鬆和復原。

其他研究顯示，清楚說明你自己的價值觀和目標，可

以建立一個緩衝機制，緩解過勞和敬業度低迷的問題。例如，一項統合分析（即把許多類似的研究彙總成一項大型研究）對某職場課程進行研究，其課程的設計目的在於，促使員工的目標和價值觀更加明確。研究人員發現，價值觀強化課程可持續帶來正向的效果，能減少員工的壓力和倦怠症狀⑭。由此可見，明確價值觀的作用，就像是一種抵禦壓力的「預防接種」。

這與其他研究結果一致：當人們懷有明確的目標和意義時（古希臘人稱之為 eudaemonic，幸福感），他們就不太可能感到壓力和生病。這項研究深入觀察人體的免疫細胞，發現「幸福感」能減少人體炎症基因的表現，而炎症基因與慢性壓力有關⑮。同時，幸福感還能增加抗病毒基因的產生，這對保持良好的免疫力極為重要。由此看來，目標不僅能激發我們的動力，還能顧好健康呢！

面對這些挑戰，領導者該如何在團隊或企業當中，培養一個共同且明確的目標呢？特別是在一個注意力「擁擠」的環境下，人們的注意力被分散到數不清的優先事項以及產出的成果上。很明顯地，戰略和手段將因企業不同而有所差異。與其提出一個規定的處方箋，你可以考慮以下一系列的焦點問題（focus question），來決定如何處理確立目標的議題。

> **焦點問題 1**
>
> **我們的存在是為了滿足什麼核心需求或哪些需求呢？**
>
> 宗旨的背後需要有一個企業或組織為何存在的明確理由。回想泰國洞穴救援的例子，每個組織都有必要理解，他們的存在是為了滿足什麼實際的需求以及為什麼，這一點很重要。這份強烈的需求感，必須清晰、具體、聚焦。另一種說法，是採用艾德・夏恩（Edgar Schein）的研究成果。他是麻省理工學院的史隆管理學院（MIT Sloan School of Management）教授，同時是組織文化方面著名的思想家。夏恩認為，領導者需要捫心自問：這個團隊或組織是為了解決什麼問題而存在呢[16]？一旦釐清這些問題，團隊或企業就能夠組織起來解決這些困難，包括打造一種工作文化來支持這個運作。這其中的核心挑戰，是歸結出組織存在所要達成的關鍵需求或多樣需求。這個需求必須清晰、聚焦，而不是晦澀或模糊。你能夠把這些需求描述得愈是清楚、具體，就愈有說服力和推動力。

第二章　聚焦目標（Purpose）

焦點問題 2

目前我是如何讓團隊或組織,繞著目標來投入工作的執行呢?

高層主管們經常會制定一份簡潔、精煉的宗旨宣言,可是內容卻很難引起組織內其他人的共鳴,或是為他們創造福祉。因此,促使目標明確和完善的過程,與結果本身同樣重要。我們建議:領導者認真思考他們所設計的流程,反思目的、收集回饋,將目標轉化為企業內的行動/行為/主動性,然後定期重新審視這些議題。在節奏快速的環境中,人們通常需要從平時工作中抽身,撥出一些時間來深入思考這些問題。使命感必須是共享、共同擁有的,而主要的利益關係人也要能夠感覺到他們有發言權。在團隊或組織工作的人,就像集體的眼睛和耳朵,如果他們不能自由、誠實地提供反饋和資訊,那麼領導者就不容易看到和聽到他們需要做的事。

人們經常談論錯過了「真實的對話」時機。做為一名領導者,你希望人們有足夠的安全感,能在會議室裡與你進行「真實的對話」而不是在走廊上。在培養這種安全感和信任感方面,領導者扮演著關鍵性的角色。最重要的是,人們需要有一種心理安全感,如此一來,他們才能坦誠說出激勵自己的因素和驅動力,以及為什麼重視的原因。心理安全感就像一個「容器」或「房間」,讓組織內的人在其中互相交流,這就是讓領導者運作順暢的前提。你不希望每個人都蜷縮在裡頭,不敢坦率地說話;反過來,你希望人們感受到可以在房間裡自由走動、探索房間的裝飾、向窗外眺望,彼此敞開心交談。

焦點問題 3

我們的態度有多麼真誠呢？

雖然宗旨是一種既對外也對內的聲明，然而對於設定的人來說，它必須夠真實可信。否則，這份宗旨說得好聽只是裝點門面，說得難聽點則是潛在的欺騙。比方說，許多企業被指責「漂綠」（greenwashing）其形象，而不是真正致力於實踐環保和永續的發展[17]。人們往往傾向於將公司的宗旨，當作是一種主要行銷工具來表達：某種聽起來令人印象深刻，並能吸引客戶的訴求。

吸引顧客當然很重要，但是在這麼做的同時，你不能犧牲真實性，不能讓那些與企業有利害關係的人，不清楚企業存在的理由。對大多數的企業體來說，贏得顧客是眾多驅動力之一。其他動機可能是：創造穩健和永續的股東利益；成為某特定服務或產品領域的先鋒；帶來顛覆遊戲規則的革新，開創長久的價值；在產業中建立知識領袖的聲譽；打造具有高度獎勵性和包容性的組織文化；對員工出色的工作表現給予慷慨的獎勵。最根本的是你的宗旨聲明必須能夠抓住企業存在的本質（即它所服務的核心需求），而不只是一個具有吸引力或市場性特色，而忽略其他重要元素。

民眾都能輕易且快速地分辨，一個宗旨聲明是否過於公式化和缺乏真實性，是否過於精鍊和冷漠，甚至是過分強調利他主義。在今日的大環境當中，立定目標已成為許多企業的重中之重，於是我們觀察到了一個問題。企業可能有令人信服和鼓舞人心的宗旨聲明，但是它要如何與公司的實際業務，以及員工

第二章 聚焦目標（Purpose）

> 工作的理由連貫起來呢?宗旨聲明在多大程度上,能為企業的策略性決策提出實際的依據呢?這全部都關係到聲明內容的誠信與完整性,以及它如何體現組織領導人和員工的真實感受、信念和行動。

🚀❷ 保持目標鮮明具體

在隨時待命的工作環境中,領導者面臨的第二個挑戰是,保持集體目標的鮮明度和具體性。在一個節奏快速的企業裡,最大的挑戰之一就是如何嵌入你的目標,讓它在員工和領導者的每一個決策和行動中「綻放異彩」。根據我們的經驗,這就是為何談到任何探索目標的努力時,人們經常會感到不滿或沮喪。他們認為這只是象徵性的,並沒有善加利用他們的時間,而他們的想法通常是對的!如果執行得不好,努力去塑造目標,只會在群體中製造更多疏離和挫敗。這在高壓工作環境中更是明顯,因為人們光是要完成主要的任務,就已經非常吃力了。領導者要跨越的難關,是如何讓目標變得真實、具體,並保持鮮明度和高度的關聯性。接著,我們將探討領導者可以自行回答的幾個問題,以保持目標的鮮明度。

焦點問題 4：我會在什麼時候以及用何種手段，進行溝通呢？

為了在團隊或組織中嵌入和強化目標，最簡單、最有力的方法，也許就是讓領導者經常談論目標，並鼓勵全體一同給予關注。假如團隊領袖或執行長，對於組織的共同目標和價值觀，鮮少談論，不依此行事，也缺乏進一步的強化，那麼就是在向員工發出一個很明確的訊息：這些東西並不重要，它們只是「擺設」。反之，領導者藉由利用共同目標和價值觀，來制定策略性決策，定期探討公司的核心價值觀（例如，強調個人或團隊體現核心價值的方式），討論它為何茲事體大，並表揚落實這些價值觀的員工，從而使公司的價值觀「深入人心」。領導者需要仔細考慮，該如何以及何時在整個組織內傳達和強化目標。

最近的一項研究可以支持這一論點：調查對象是一家市場領先、工作節奏快速的物流公司員工，結果發現，當領導者展現「轉換型領導」（Transformational Leadership）行為（即強化明確的共同目標及提升使命感）時，員工在工作上體驗到的「科技壓力」較小，因科技技能要求而感受到的疲勞和挫敗感也較少[10]。透過定期與目標建立連結，這些轉換型領導者能夠消除隨時待命的工作文化所帶來的一些負面影響，並幫助人們認清自己的工作為何重要。

焦點問題 5

我的行為舉止，是否一貫地體現我們的目標和價值觀？

如新聞報導中，頻繁出現的企業醜聞所表明的，如果領導者自身的行動和決策，無法實踐組織的宗旨和價值觀，那麼傳達宗旨毫無意義。除非領導者真正落實他們所信奉的宗旨，否則上述的一切都徒勞無功。因此，制定一套明確的價值觀及相關的行為準則，而且獲得組織全體的認可就顯得格外重要。這麼一來，企業價值觀就能具體展現在職場文化中。明確的價值觀和行為標準，為包括領導者在內的每個人，提供了負責任的衡量標準。如果「目標」是你們共同的「為什麼」（WHY），那麼價值觀就是你們共同的「如何做」（HOW），而一套商定的與價值觀一致的行為模式，就等同於你們的「做什麼」（WHAT）。

價值觀是一套原則，用來釐清身為一個團隊或組織，你期望如何營運。它們屬於高層次的行為特質，如「勇敢行事」、「展現同理」和「容忍失敗」。與價值觀一致的行為（即「做什麼」），是一套範圍相對有侷限性的行為，這些行為將體現組織的核心價值觀，並推動組織實現其目標（我們將在下文的焦點問題6，做進一步的討論）。

由於領導者的影響力強大，他們需要每天以身作則，示範這些行為和價值觀。領導者要在許多過程當中，具體展現這一點；比如應對各種情況、與員工和客戶打交道，以及做出決策等。若想要讓以身作則的領導發揮作用，領導者必須仔細思考

自己的可視度。唯有當領導者與員工產生連結,才能發揮榜樣的效應,因此,認真思考自己的可視度,還有何時、用什麼方法觸發這些「連結點」,對於嵌入目標和價值觀至關重要。

一開始,領導者需要付出努力,並不斷地保持覺察,直到樹立模範的原則變成大腦的固定迴路;只要堅持不懈,就能將榜樣作用植入職場文化。如此一來,日後的維護作業就相對容易。在網路的工作環境裡,尤其當節奏超快速時,建立真誠連結的機會可能會受到限制,或被忙碌排擠掉。因此,領導者應有意識地設計和安排,面對面的接觸點、線上的接觸點和其他溝通管道,以逐步嵌入整體目標。然而,最有效的,可能是那些未排進日程的隨機「連結點」。這是與同事面對面交流的一大優勢,也是純虛擬工作環境的主要缺點之一。

焦點問題 6

如何為我們的目標和價值觀支持彼此,並共同承擔責任?

領導者及其團隊需要考慮的另一個重要面向是,我們應該如何彼此督責,使自己的行為符合我們認同的宗旨和價值觀呢?一個簡單的方法是,明確提出一套能夠反映組織價值觀的特定行為規範,對這些行為表現給予豐厚的獎勵,並要求彼此

有責任落實這些行為（即我們上文提到的「與價值觀一致的行為」）。

這一套行為規範，理想上應該相當聚焦。清單愈是長，就愈有可能讓人不知所措、失去重點，沖淡主要訊息的效力。精心篩選——你要整理出幾個關鍵行為，對核心價值具有「成敗在此一舉」的影響力。這些行為可以當作是核心價值觀的標記或路標，幫助員工們了解自己的現況，他們目前是在維護或破壞組織的核心目標與價值觀。據我們的觀察，各種團隊眼中與價值觀一致的行為包括：「我們用心傾聽」、「我們以寬容的態度看待各種情況」、「我們用尊重的態度，支持他人說出不加修飾的事實」，以及「我們始終專注於創造成果，但是會及早提出執行問題」。制定一小套明確的行為準則，也提供極佳的領導者當責評量：團隊也可以利用這套核心行為準則，對領導者進行評價。

團隊可以在每週或每月的會議上，針對這些行為準則進行檢討，並對堅持努力實踐的人給予肯定。如我們在上文討論的，領導者最好能夠仔細思考，針對體現組織共同價值觀的員工所提供的獎勵或激勵，究竟是內在的還是外在的。在組織上下，除了強化和肯定與全體價值觀一致的行為之外，領導者還可以明智地把這套行為模式當作一個基礎，來跟沒有遵守這些行為標準的個人，進行更直接的對話。面對這種對話，領導者可以把組織信奉的價值觀和行為，當成指南針或指導善加利用。這些價值觀和行為準則提供了一個架構，讓人們可以依循，並進行對話和一致的行動。

🚀 ❸ 利用目標跨越複雜關卡

以目標為帥的領導風格,所面對的第三個挑戰是,如何應對複雜的問題及決策。領導者經常需要做出策略性決策,來克服各種複雜問題,包括相互抵觸的議程、優先事項及人格特質;其中的許多問題,都會壓過或至少嚴重擾亂正式的權力線。領導者及他們的團隊所做的許多複雜決策,都有清晰、合理的解決方案,即使需要時間和大量討論,團隊終究能達成共識。然而,有些問題更為糾纏難解,特別是那些涉及相互衝突的議程,還有彼此難以調和或確認的優先事項。在節奏快速、反應即時和高度以行動為導向的工作環境中,這些挑戰往往更加嚴峻。在這些工作環境裡,行事步調和精力都偏向快速回應,而且往往採納技術性的解決方案,由於缺乏慎密周全,故無法妥善地應付模稜兩可的不確定性和複雜性。

以目標為使命的領導風格,面臨這種情境時,要有冷靜沉著與明晰思維。對於一個負荷超重、倍感壓力的領導者而言,有技巧地掌穩目標持續投入行動,是極度困難的事。當我們過度活躍時,大腦邊緣系統中的杏仁核就會啟動,使我們切換到一種本能的求生模式:打鬥或逃生反應。當我們身處的房子著火時,杏仁核的啟動是神幫手,但是,當我們面對複雜性和不確定性,或者坐在辦公桌前、主持會議,甚

或是凌晨三點躺在床上時，它就不那麼管用了。當我們超負荷工作，大腦的壓力迴路會壓垮執行功能迴路，即原本應處理資訊和下決策的大腦領導中心。

　　研究顯示，這一類型的認知負荷超載或壓力過重時，我們通常會做出較差的決定，表現也會大打折扣⑩。領導者的情緒狀態，就像傳染性病毒一樣會傳染蔓延。如果員工受到此一情緒影響，他們也會把這種渙散、狂亂的精神，帶到更複雜或敏感的問題當中，進而經常帶來災難性的後果。同樣的，假如領導者能在混亂中保持鎮定，在困惑中保持清晰，或在批評中保持善意，這麼一來也會產生正向的感染力。

　　組織的目標和價值觀，可以做為一個寶貴的指南針，指引前進的道路，劃破狂亂的行動以及忙碌的思緒，不再於迷霧中打轉。組織藉由行動方針，來支持一個或多個核心價值觀，並以此方針為圓心建立共識，是獲得支持和達成解決方案的有力辦法。當然，情況並非總是如此順利。有時，一個行動方針與一個核心價值（例如透明度）彼此相符，卻與另一個核心價值（例如尊重隱私）產生衝突。不過，若能明確說明這些衝突，就有助於釐清特定行動方針的利弊關係。重點是，掌握每個行動方針所支持的最重要核心價值為何。以下是領導者在處理這類矛盾決策時，可以問自己的一些問題。

焦點問題 7

在這種情況下，我們的目標和核心價值，如何與手中可以採取的不同行動方針保持一致性？

著手處理複雜的問題和決策時，總是需要考量到各種因素。這些可能包括：價值觀與策略的一致性，主要競爭對手可能採取的行動，以及決策對不同利害關係人（客戶、股東、供應商、員工等）的影響。有時，這些討論可能會陷入膠著，大家無法就不同方案之間的分歧達成共識。在這種時刻，聚焦一切是否在貫徹目標和價值觀，會是有力的辦法。這麼做將有助於消除雜音和複雜性，並以更清晰的視角找出一組選項。任何行動方針，若與組織的共同目標和價值觀不符，就不值得採納。換句話說，前提是你有一個明確而真實的目標，反映出你組織存在的實際理由。在考慮一組特定的選項時，還有一種方式可以提出相同的疑問：「假若我們選擇路徑 A，我們會如何加強或削弱全體的目標和核心價值呢？路徑 B 和 C 又可能帶來什麼結果呢？」

領導團隊可以仔細研究桌上的每個選項，再根據這些標準進行評估。通常，一個選項看起來很有吸引力，因為它承諾短期的收益，但如果它違背了根本的目標和價值觀，那麼它總是會導致更大的長期損失。把目標和價值觀當成「頭燈」，在做出更複雜或有爭議的決策時將非常有用，並可以大幅簡化決策。如果決策符合、強化，且反映公司的宗旨和價值觀，那麼你就是在組織內繼續強化它們。站在這個基礎上，你再回頭來思考，如何將決策的效應傳達給即將受到影響的人，包括分享用來擬定決策的價值觀。

領導者之道：真誠度

在本章的最後一節，我們將把焦點放在一個基本的領導特質或屬性，我們相信這一點是任何組織、在各方各面置入目標的啟動開關。這個特質就是：真誠（authenticity）。真誠一詞來自古希臘語「authentikós」(αὐθεντικός)，意思是「首要的」（principal）或「名副其實的」（genuine）[20]。它象徵著：所展示的內容是貨真價實的東西，或言之有物。這有點像購買黃金首飾，並驗證其真偽一樣。另一種說法是，當我們真誠可靠，代表我們說過要做的事，就會落實到實際行動中。或者說，我們所說的感受或信念，實際上就是我們所擁有的感受或信念，而不是迫於壓力而產生的想法或感受。因此，這個詞也源於希臘語「authentes」，表示「自我」（self）和「依自主權行事」，如自我掌控。真誠指的就是：忠於自己、忠於他人。這意味著，我們的所思、所言、所為，全部都要貫徹一致。

我們現在就來探討，身為一名領導者，你該如何才能體現真誠，以及為什麼這項領導特質，對於培養明晰的目標非常重要。在努力打造一個目標導向的組織時，下列這些實作（practice）都非常寶貴。與之前的焦點問題一樣，我們提供這些實作，希望幫助你在自己的領導實踐中，考慮和反

思這些面向。

實作1 言而有信,絕不承諾做不到或無意願之事

這聽起來很容易,卻需要自律和覺察。這意味著,你對自己給出的承諾小心謹慎,並在實現承諾上是可靠且能符合人們預期的。同時表示你敢於直言無隱,指出在有限的時間和資源下,被要求完成的任務無法達成的事實。在許多方面,這是一個被隱藏或被低估的領導力作為。領導者鮮少因此而獲得晉升!然而,這做法對於建立誠實、尊重、貫徹始終的工作文化是極為重要的,這也是建立於道德原則的文化基礎之上。仔細想想,如果領導者都能遵守這一簡單的做法,那麼道德醜聞一定會少很多。

許多道德醜聞和撕破臉的職場關係,都是因為領導者試圖掩蓋,粉飾與公司或個人公開聲明內容不符的問題或行為。無論是美國富國銀行(Wells Fargo)的假帳戶、德國福斯汽車(Volkswagen)的排廢造假,還是中國恆大集團(Evergrande)的破產,大多數情況都是缺乏這一基本實踐誠信的緣故。不過,這個實作的好處在於它適用於更貼近日常的層面,而且馬上就可以實行。身為領導者,你可以日復一日,在與同事的小互動和會議中體現這一點。你透過行為

所表現出來的一致性和連貫性，自然會向周遭的人傳遞一個強烈的訊息，賦予其他人可自由地一齊仿效。

實作2　優先明確你自己的價值觀

真誠的領導力需要明晰的思路，明確知道什麼對你而言最重要。想要洞悉你視為重要的事物，和你希望如何領導的大方向，最直接的方法就是：反思自己的價值觀。價值觀是「行動原則」，指導你做出應對，影響你下決定。價值觀是一種我們可以實際展現出來、落實在行動中的特質。這是我們能夠高度掌控的工作方式，既不是情緒（我們的感受），也不是目標（我們追求的）。我們的價值觀更像是一個羅盤方位，讓我們在領導他人的過程中，確認方向是否正確。價值觀不是我們要到達的目的地，也不是打勾了事的確認清單。許多曾與我們共事過的領導者，他們信守的價值觀可能包括：誠實坦率、具備好奇心和勇敢質疑，展現出同理和慈悲，從策略和全面性的角度思考問題，與他人保持連結，並且把自我身心健康放在第一位。

大多數人已經大致知道自己的價值觀是什麼，而且大多會遵循這些價值觀行事。不過，只有少數人能清楚地表達出

來。藉由明確釐清你做為領導者的價值觀,以及你在生活其他方面的價值觀,你就會明白自己希望如何「展現」領導力。有點像為照相機替換新鏡頭一樣,透過使自己的價值觀明確,你就能更精準地知道,自己希望成為什麼樣的領導者,以及具備何種形象。藉著這樣的整理,你也可以進一步分析,做為一名領導者的價值觀與生活其他方面的價值觀(即你的個人價值觀),兩者之間存在的一致性或緊張關係。

當你的領導價值觀和個人價值觀之間存在巨大差異時,這件事就值得你嘗試去了解背後的原因,以及如何解決任何潛在的衝突。在確認自己的前三~四項價值觀(含領導價值觀和個人價值觀)之後,你需要進一步思考:要向誰分享這些價值觀以及如何分享。做為一名領導者,你的領導價值觀愈是透明、公開,坦承你想實踐的雄心壯志,就愈能夠獲得你所領導之人的尊重。當然,前提是你必須貫徹實行這些原則,好讓你所表達的理想抱負,對你所領導的人和你自己來說,都充滿可信度!我們將在實作3和4中會再詳述這些議題。

實作3 開誠布公的表達

若別人所說(或不說)的話,與其潛在意圖之間有任何

不一致，人們通常會非常敏感，即使這些看法往往是錯誤的；許許多多的研究都揭露了這一點[31][32]。做為領導者，你對團隊愈是能夠開誠布公，就愈能贏得他們的尊重，而團隊的向心力和對你的支持度也相對會提高。如前所述，這包括公開自己身為領導者的價值觀。在此開放狀況下，人們在分享資訊、想法、擔憂和疑慮時，也會感到更加有安全感。如此一來，你將能掌握更好、更豐富的資訊，繼而做出更好的決策。

更好的決策，等同於創造更佳的業績和更成功的企業。身為一名領導者，開誠布公的溝通，會向你所領導之人發出一個有力的訊號，那就是他們同樣可以坦誠相待。這將會創造一種螺旋式上升的良好模式，以及健康的人際關係。反之，利用操縱或欺騙手段，雖然也會傳遞強大的訊息，卻是不健康的。然而，開誠布公地說話需要自信，有時甚至需要勇氣，尤其是當你的職場前輩們不使用這樣的工作模式時。遇到這種情況，你需要謹慎處理，並判斷這裡是否真的是一個健康的工作環境，能有利於你個人或生涯的發展。

想養成健康的生活習慣，應該從小事做起，再逐漸擴大增加。當你開始看到開誠布公對待團隊所帶來的好處，看到自己仍然受到前輩的尊重，你就會愈有信心。這個原則很簡單：你對團隊愈是坦誠相待，甚至能講明你無法啟齒與團隊

分享的議題或資訊,以及背後的理由時,團隊的信心、參與度和績效就會愈高。

實作4 顯示你的脆弱

真誠某部分代表的就是承認我們共通的人性,有時這包括承認我們的脆弱。這與上述開誠布公的實作也有關係,但它更偏重於身為領導者的你身上,也就是公開分享自己個人所面對的挑戰,甚至弱點。這是一個力道強大的練習工具,也是實作3的延伸。

愈來愈多的研究證據顯示,當領導者表現出脆弱時──即使是相對微小,也會彰顯他們真誠的一面。分享更多與工作相關的事情,例如自己在某專案中的疑慮或錯誤(也就是相對較「安全」的事件分享),也能建立團隊的信任和參與感。領導者也可以選擇展示更多脆弱的一面:當領導者分享個人的經歷、挑戰和「磨難時刻」(像是極度迷茫、變化或失落的時刻)時,他們就會創造出一種具有人性和「日常」的感覺。這會在組織內形成一種文化,讓人們能夠放心地在工作中,展現「完整的自我」。如此一來,可再次創造一個實踐真誠度的良性循環。

不過,我們的觀點是,絕不能用強迫或施加壓力的手段,來使他人展示自己的脆弱。否則,整件事就會突然變得不真誠,可能會適得其反,而我們也會失去想要達到的目標。

自我檢討的要點

我們的建議是,評量你如何追蹤這些關於真誠度的實踐。按照 1 到 10 的評分標準(其中 1 =完全沒有,10 =落實於每個行動),你可以反問自己:我會遵循這三種實作到何種程度呢?在我的領導行為和決策中,有多大程度反映出這些實踐?不按照這些做法行事的代價是什麼,或是按照這些做法行事的好處又是什麼?我們可以誠實地問自己這些問題。我們也可以從自己所帶領的團隊或者同事口中,尋求一些反饋(有時匿名是最好的)。你所領導的人,如何評價在你身上看到的這三種行為(從 1 到 10)?取得關於這些實踐的反饋,即使不能令人感到安慰和/或令人驚訝,也是一件

很值得的事情。

用心執行這些實作的另一個方法是,書寫領導力日記,並且每天或每週反思你的追蹤情況。透過定期記錄你的反應和行為,你可以建立一幅「藍圖」,描繪出你在這些實作上的一致性,有點像人類學家在研究人類行為,我們可以研究自己!如果你投入規律的正念練習,它會使客觀性和自我察覺的過程,變得更容易、更有成效。或者,如果你有一位值得信賴的領導力教練,你可以逐一討論這些細節,進而更清楚地理解你所面臨的挑戰,以及這些實踐對於你的角色有什麼意義。教練指導,是深入探究這些問題的好方法,但是記得以保密和建設性的方式來進行。

🚀 指導方針建議

最後,我們提出三項指導方針方面的建議,提供領導者在組織內評估,當作是領導者和領導團隊,在檢視組織整體時可以應用的考量。

建議1 騰出時間和資源來擬定目標

保持目標的鮮明度、相關性和實用性,這都需要時間和資源。妥善地規劃和安排富有企業願景的工作,促進組織內的人員保有明確和具體的目標,將會為全體上下帶來極大的

優勢。這項努力需要納入組織的年度工作週期,然後嵌入定期性的績效對話當中。

建議2　確保目標主導的作業,與企業的核心策略焦點相結合

嚴格來說,這不是一個指導方針議題,而是任何組織的高層領導人都該掌握的優先事項,以確保目標主導的作業,與公司的核心策略業務有明確的結合。目標明確的工作,與組織的策略性重點,愈是緊密連結和強化,就愈有可能維持與全體同仁的關聯性,同時支持業務上的決定和行為。你要避免口中的宗旨,被視為裹在公司實際目的和存在理由上的一層糖衣。若是如此,你就會被拉往兩個不同的方向,而你所宣稱的目標,充其量只是枉費心機。

建議3　在組織的績效和發展結構中,納入有關目標、價值觀和高度當責制的對話

定期(如每季一次)進行績效評估和反饋談話,幾乎是每個組織的常規做法。藉由這些有結構性的反饋會議,你

會為內部打造新的習慣：針對企業的目標和價值觀、績效和任務的完結，提出並接受各種反饋。透過定期的反饋，就組織的價值觀和目標兩方面，積極支持員工對自我、對彼此策勵，並承擔起責任。這麼一來會向員工傳遞一個強而有力的訊息：關於我們「如何完成」工作的各種問題，與我們「取得的成果」同樣重要。

總結

我們在本章概述了在隨時待命的工作環境中,進行領導會面臨的一些挑戰,以及這些如何影響領導者、時時抱持以目標為中心進行領導的能力。我們認為,在一個愈來愈分心、愈來愈浮躁的大環境中,領導者可能必須比以往任何時期,要更有覺察力且慎重,以思考他們要如何以及何時採取行動,來為組織內部培養明確的目標意識。面對這些問題,人們的注意力持久度和頻寬都愈來愈有限,然而,這些問題卻比以往任何時候都來得更重要,因為這會促使人們清楚地認識到自己的工作有哪些貢獻,又為何有分量。

我們提出一系列的焦點問題,在規劃如何於團隊或組織內強化目標時,供領導者做為參考。此外,還提出領導力的核心「特質」──真誠,在我們眼裡,這是建立一個以目標為導向的組織,不可或缺的元素。為融入這個元素,我們提出四種實作辦法,並且相信這些實踐能夠強化任何領導者的真誠品格。在下一章〈重新排序優先事項〉中,我們將從優先事項的設定,以及在隨時待命的環境中保持專注兩個面向,揭開領導者會遇到的不同挑戰。我們將強調,攸關設定優先事項的主要挑戰,尤其是那些受到隨時

待命的工作環境所衝擊的部分。我們也將進一步提出一系列的焦點問題,以及核心的領導力實踐,來幫助領導者克服這些難關。

第二章　聚焦目標（Purpose）

Chapter

3

重新排序優先事項

Priorities

我們已經探討過一些與目標相關的問題,現在讓我們來切入與優先事項有關的問題。身為領導者,你的優先事項是什麼?正如你所設想的嗎?它們的輕重緩急應該如此排列嗎?我的團隊或範圍更廣的組織,都是如何裁定優先事項的呢?是誰或是什麼條件在決定你的優先事項?你是否需要反思並重新排列你的優先事項呢?

明晰洞察什麼最重要(即你的優先事項),接著讓你自己和你的人才專注於這些優先事項,是一位領導人所做的最重要、也是最具挑戰的事務之一。然而,在這資訊氾濫、注意力分散的時代,這項核心能力很容易被削弱。在本章,我們將深入一些在全年無休的世界,制定優先事項時會遇到的一些關卡。

不堪負荷

拉維是一名中階主管,對自己的職業非常投入。他希望在自己的職業生涯中不斷晉升,工作時間長、很少休息,大部分時間都在辦公桌前吃午飯,非常關心組織和組織的全體成員。然而,儘管拉維覺得自己總是在奔波,他卻能隱約感覺到,他在工作和生活中並沒有取得應有的成就。他每天

的工作就是,對看似緊急但其實並不重要的優先事項做出回應;另一方面,收件信箱則永遠塞滿了重要、但不緊急的優先事項,而這些事務似乎總是被擱置一旁。

有一天,拉維經過家裡的廚房,他十歲的兒子正在餐桌上製作飛機模型。拉維的兒子抬起頭問他:「學校裡所有的孩子都在談論,他們的父母在工作中做什麼。我說你是個商人,但我真的不知道那是什麼意思。所以,爸爸你是負責什麼工作呢?」拉維停頓了一會兒才說:「我回覆電子郵件和 Slack(通訊軟體上的留言),這就是我的工作。」他兒子不以為然,聳了聳肩,回頭繼續製作他的模型。這個互動成為拉維的一個轉折點。

自從史蒂芬・柯維(Stephen Covey)寫出暢銷書《與時間有約》❶(*First Things First*)後,如何在重要與不重要、緊急與不緊急之間取得平衡這個問題,只有變得更難,沒有更簡單。正如我們在第一章中所探討的,資訊科技的崛起是為了讓生活變得更輕鬆,而不是更困難。不過,正如貝恩策略顧問公司(Bain & Company)所指出的:

> 據我們估計,在 1970 年代,一名高階主管每年可能只接到不及 1,000 通外部電話或電報,而現在他面臨的是 30,000 封電子郵件和其他電子通訊的浪潮❷。

更糟糕的是,現在我們還有各種內部專用的即時通訊系統,無疑是將這種訊息洪流推向新的高難度。據沃克斯媒體(Vox Media)資深數位記者莫拉(Rani Molla)描述:

大公司員工平均每人每週發送 200 多條 Slack 訊息……跟上這些對話內容,幾乎像在做一份全職工作。一段時間後,通訊軟體就會從幫助你工作,變成讓你無法完成工作❸。

這彷彿能把人淹沒的訊息洪水,往往來自多個平台,導致工作重心發生微妙但確實的轉移,從完成我們原本認為應該做的工作,轉移到應付各個郵件信箱大量出現的所謂「工作」。隨著科技的發展愈來愈快、愈來愈無所不在,我們隨時被灌輸永無止境、快速流動的資訊,簡直像從消防水栓上喝水一樣應接不暇。調查顯示,員工最多只能用 45% 的時間,來執行他們職務的主要工作範圍❹,其餘的時間都花在「瞎忙工作」上了,比如電子郵件、會議、官僚文化、行政任務和突發的干擾。依我們目前工作的模式看來,事態只會每況愈下。

僕人變主人

　　如果我們能夠關閉資訊流，或者至少把它關小一點，這種連續的串流就不會是太大的問題，可是我們大多數人並沒有這樣做，因為我們做不到或者不想做。科技原本應該是一名僕人，而我們是它的主人，然而許多領導者卻因為制約的關係，把瞎忙工作看得超乎合理的重要，或者職場所建立的系統要求我們非做不可。有的人沉迷於對科技的固定需求，這並不奇怪，因為科技本身的設計就是為了讓人上癮[5]。正如臉書（Facebook）的前副總裁帕利哈皮提亞（Chamath Palihapitiya）在接受訪問時指出的「我們創造了一個短暫刺激多巴胺的按讚回饋機制，它正在破壞社會的正常運作。[6]」

　　這些多巴胺迴路也被稱為大腦的獎勵網絡，每當受到我們的言行舉止觸發時，這些迴路就會以多巴胺刺激的形式，為大腦帶來一陣「快感」。舉例來說，吃是一件令人愉悅的事，因為我們需要透過進食來生存，但是在暴飲暴食的情況下，大腦的快樂中樞就會搶先做決定，而跳過執行功能中心。前者為「慾望」而動，後者為「需要」而動，結果是，我們會吃過量並因此生病。

　　當你收到手機通知，或社群媒體上的「讚」，所牽動的

正是同一個獎勵網絡。現代的生活總是不停為這些迴路帶來刺激，接著我們很快就會受到驅動，去做愈來愈多能夠引發愉悅反應的事情，以獲得同樣的快感。然而，出人意料的結果是，當初為追求大腦獎勵迴路的小快感舉動，不久就演變成一種逃避，以躲過少了這些快感所浮現的焦慮和痛苦。大腦先是低語，然後是呼喚，直到最後發出尖叫渴求需要的「滿足」。

這就是成癮的現象，如果我們試圖從已經上癮的事物抽離，就會體會到痛苦。很快地，我們就無法控制自己的行為，上癮的客體變成了主人，而我們則變成了它的僕人。這有點像一隻狗走在路上，不知道自己被拴住了，直到它拉扯到繩子，才意識到自己不再是自己的主人了。

那些使我們上癮，或受到制約的事物，不管它們是否值得，反倒成為我們的優先事項。只要我們能持續接觸到渴求的客體（而且不曾經歷過因上癮發生的任何麻煩，如犧牲其他重要的事物），那麼我們就看不到問題出在哪裡。這並不代表沒有問題，只是說我們還沒有注意到而已。這種行為會在暗處繼續進行，直到碰上一、兩個困難。一個狀況是：我們沒有能力滿足我們的渴望（例如，你丟失或弄壞了智慧型手機），這種情形會使我們經歷戒斷所帶來的痛苦、焦慮、困惑和煩躁；另一個狀況是：我們一心一意追求上癮的

目標,卻在過程中犧牲了保持健康所需要的其他東西(例如,人際關係、運動、睡眠或休閒活動)。

實作試驗1 你對科技成癮的程度如何?

你不妨試試下面的實驗,尤其是你不確定自己是否對行動裝置上癮。嘗試完全沒有它來度過一天,意思就是你甚至不把它帶在身上。如果你感覺良好,就表示不可能上癮;如果你感覺不好,而且思緒無法不去想它,或者你覺得不得不拿起它,那麼你可能已經上癮了,最好開始戒掉。

千頭萬緒

《哈佛商業評論》曾刊登一篇文章指出,現代工作環境對人們注意力和行為方面的影響,它被描述為一種新發現的神經系統現象:注意力缺乏特質或 ADT(Attention Deficit Trait)❼。ADT 有點像開車時,忘記剎車踏板在哪裡,因為你忙著想別的事情。這是在過動、時間緊迫下的常見反應,

當一個人身處其中,並試圖處理輸入過量的資訊時,就會導致續發效應,包括黑白思維、做事很難條理分明、無法釐清優先排序和管理時間,而且總是感到輕度的恐慌和內疚。有時,人們剛接觸到正念的練習時,ADT症狀會十分顯而易見,露出壓力、不耐煩、動作不安定、注意力渙散等跡象。這種情況下,我們很容易會認為正念練習無效,但是事實上,它正在發揮自己的作用,讓我們看見表面之下發生的事,以及大多時候未察覺的事。

隨時保持在「開機狀態」,並讓大腦承受資訊超載的首要影響之一,就是導致沉重的訊息處理負荷或精神壓力。這種精神超載會產生各種連鎖效應。首先,會削弱我們專心或給予注意力的能力。根據加拿大微軟公司2015年的報告顯示,從2000年到2015年,人們的平均注意力從十二秒下降到八秒(顯然,現在人的注意力真不如一條金魚)❺。原本十二秒就不算是特別好的狀態,八秒鐘更教人情何以堪呢?

實作試驗2 測試你的注意力長度

如果你不確定自己的注意力能持續多久,可以試試安靜坐著五分鐘,除了呼吸進出鼻腔的感覺外,什麼都不去注意。清醒地觀察,你的大腦游移至「思考模式」的次數有多頻繁,縱使思考的問題正是「此刻的我為什麼要這麼做?」

或者「我在正念的狀態中嗎？」。

注意力下降的負面影響，在很多面向都可能出現。譬如，在美國，據估計每年有超過二十五萬人死於醫療失誤，而成為該國的第三大死因❾。在澳洲，分心駕駛——大部分歸咎於濫用科技因而分心所導致，已成為比酒駕更嚴重的重大交通事故肇因❿。

無論是在醫院還是在道路上，減少錯誤都是當務之急，但是有哪些因素會增加錯誤呢？一項針對大學生的研究，指定學生完成一件簡單的任務，同時追蹤他們的表現，包括「出錯率」⓫。然後，到了第二輪實驗，他們被分成三組，並且在事前不知道的情況下，會遇到電話聯絡、收到簡訊、或是不會被打擾等三種不同狀況。儘管學生們的手機都設定成振動狀態，而且他們被要求在測試時不要拿出手機或看手機，有人還是接起電話，導致出錯率增加28%。另一項研究表明，哪怕已經關機和螢幕朝下，但光手機擺在眼前，也足以顯著地降低一連串大腦執行功能的表現⓬。此外，一個人在日常生活中使用手機的次數愈多，受到的影響就愈大。這就有如將近 10～20 分左右智商 IQ 分數，咻～地消失了！何況這還沒有考慮到它對 EQ 分數的影響呢。這

部分我們將在第四章〈重建團隊連結〉繼續探討相關的內容。

資訊量超載帶給我們的重大難題之一就是，除非我們能妥當控制傳輸進來的訊息，否則我們會承受極高的認知負荷，大腦功能也無法順暢運作。打個比喻，大腦就像一個房間，我們需要在這裡完成工作。認知負荷過高就像整個房間堆滿了太多東西，根本派不上用場。即這個房間沒辦法發揮它的功能，變成功能喪失。

研究還發現，認知負荷過重會嚴重降低創造力，並導致人們做出抄捷徑、自動導航模式、及意料之中的回應[13]。另一項研究對賭博行為進行了調查，這當中企圖解析：同時啟動大腦的次要執行功能，是否會干擾與風險計算有關的決策品質[14]。同時運作兩項執行功能，就有點像一邊掃視收件信箱裡的重要郵件，一邊又要做出決策。研究發現，如果受測者同時在完成兩項執行功能型的任務，那麼他們所做的決策，會比專一執行決策任務的人來得差。到最後，這些更糟糕、更冒險的決定，會使他們付出代價。因此俗話說得好：一次只做一件事。超負荷的大腦，無法處理迎面而來的大量資訊時，會試圖走捷徑以減輕負擔，避免工作過於辛苦。這是在管理輕重緩急上，一個強烈的轉變：也就是從「把事做好」，變成僅僅「為了生存」。

隆‧艾普斯坦（Ron Epstein）教授是一名資深醫師、研究者和學者，對正念練習有著濃厚的興趣。他拿自己和其他醫生的經驗舉例分享，在複雜的臨床情況下，決定行動方案的催促感是截然不同的，這取決於時機點是在半夜或白天。在長時間的通宵值班期間，疲勞的大腦會傾向於採取最簡單的行動，並說服自己眼前的症狀，做出不需要進一步複雜檢查的決定。反過來，當同樣的臨床症狀在白天出現，醫師通常就會認為需要做進一步的檢查。疲憊不堪、超負荷運轉的大腦，想要走最簡單、最短的途徑，並說服自己相信，它確實掌握了眼前的狀況，縱然事實並非如此。反觀不那麼疲勞、更有警覺的頭腦，則會繼續執行必須要做的事情。

我們看到資訊超載也引起了同樣的負面影響。當領導者受到大環境左右，發現自己處於過度反應模式時，判斷優先順序和做出精準決策，就會變得更加艱難。當我們過度活躍、焦慮和疲勞時，我們的大腦很難調動所需的核心執行功能，從策略性的角度來決定優先順序和回應。逃跑或戰鬥的反應，會覆蓋我們大腦的執行功能網絡，這表示我們更容易做出非黑即白的決策，無法從多元的角度來檢視問題[15]。我們最終會陷入的問題和衝突，大多是由情緒反彈所致，而非策略層面的判斷。

黑白思維則是另一個例子，說明疲勞的大腦只想用最

短的路徑取得答案,無論那是否是最佳的解決辦法,或是否考慮到了複雜性。對領導者來說,這意味著我們自己和團隊的資源,並沒有導向具有策略價值的優先事項,甚至忽略從一開始就需要花時間建構一個明確的策略!有時這會造成一種惡性循環,即一個錯誤的決定引發其它數個「火災」,然後這些「火災」又需要用一些更艱難的決策來擺平。若碰到大腦超負荷的狀態,那些決策必然也會很糟糕,或者需要大量的資源才能扭轉乾坤。

如果你做一些類似正念訓練的練習,你很有可能會察覺到,自己的頭腦嗡嗡作響、煩躁不安,注意力會跳到任何移動的東西上。因此,制定策略來減少認知負荷,幫助大腦提神和穩定注意力,是非常有用的。

實作試驗3 讓單純的時刻保持單純

面對生活和工作,我們常常會想太多。因此,你不妨實驗看看,一整天都讓單純的時刻保持單純。活在當下。舉例來說,假如你需要走路兩分鐘,去參加會議或做簡報,試著去覺察移動的身體並單純地步行,而不是滑到自動導航模式,讓意識習慣性地不停擔憂。給自己兩分鐘的時間放鬆精神,讓自己有機會培養更平靜、更專注的心性。如果你正在泡茶,就單純地泡一杯茶,而不是一邊泡茶一邊滑手

機。如果你在開車,就全神貫注地開車,不要聽電台廣播或Podcast。

缺乏策略的領導者

上述注意力下降的現象,也會在更「宏觀」的層面上產生影響,如領導策略。當我們的認知負荷過重時,頭腦就不太可能進行策略性思考。理查・魯梅特(Richard P. Rumelt)是舉世最具影響力的商業策略思想家與學者,他在新作《好策略的關鍵》(*The Crux*)中提到,能夠退後一步,找出一小部分(如三、四個)公司最困難但可以克服的挑戰,是策略型領導者的核心價值所在。魯梅特稱之為「挑戰導向策略」(Challenge-Based Strategy),聽起來很簡單,紙上談兵也的確如此,可是在現實中卻很難辦到⓰。「挑戰導向策略」之所以非常困難,原因之一是許多股東、高階主管和董事會,根本沒有興趣去解決更複雜、風險更大的問題,因為失敗的代價過高(即使有產生突破性創新的可能)。

不過,魯梅特更意義深遠的觀點是,許多執行長和企

業領袖根本不知道,如何用更有成效、直接了當及穩健的方式,來思考策略性挑戰。他們缺乏「資源和精力」,無法退後一步,深入而坦誠地思考自己在產業中的位置,以及是什麼力量阻礙了他們的發展。不願意承擔風險的背後,必然有合理的根據,這一點毫無疑問,可是魯梅特指出,領導者的內在心態往往阻礙他們在最低限度,將觸角伸至企業面臨的更複雜的挑戰。我們認為,認知超載、精神疲勞和資訊淹沒,只會加劇這項挑戰。當認知能力超過限度時,領導者就不太可能——更別提願意進行艱難的策略性思考,並研擬策略型領導的優先順序。從事策略型領導工作,需要具備明晰的腦力、人際關係的坦誠和自信,而這些在個人感到超負荷、被壓得喘不過氣時,是無法施展的。

焦點問題 1

我的策略型領導工作做得如何,精神的疲勞與超負荷在其中產生什麼作用?

花十五分鐘反思一下你所擔當的領導角色。對於企業或團隊的優先事項,你投入多少的時間和精神進行策略思考呢?你如何將策略思維融入每週、每月、或每年的行事曆中?做為一名領導者,你需要定期檢查和更新你的策略重點。此外,還要考慮有哪些阻力和障礙實際存在,妨礙你抽出時間或許是與高層

> 領導團隊一起,誠實地進行策略反思和優先排序。在你的領導團隊中,你是否需要做一些事情,來將定期檢討策略的時間列為優先事項,並在出席時有能力完全參與其中?你的高層領導團隊需要哪些支持,才能減輕工作負擔,讓頭腦保持足夠的清晰度來進行策略性的思考?單純把檢討策略變成優先事項是沒有用的,這麼做只會增加超載和撐不下去的感覺。反過來,如果你能夠想出辦法,釐清有哪些問題或任務是你應該放手,或者交辦給其他人,以及接下來你會如何實行,那麼就能有效地創造一個空間,讓這關鍵性的決策作業繼續進展。

政治行動

除了需要從策略的角度思考問題,高效的領導者還需要從政治角度採取行動。我們所說的「政治行動」,並不是指肆無忌憚的馬基雅維利主義(Machiavellianism)、操控和欺騙。這些行為對一個欣欣向榮的成功組織來說毫無益處。相反地,我們指的是一種情境意識,使你敏銳地熟悉工作環境裡的權力動態。換句話說,詳悉在你所處的環境中,那些擁有權力和影響力之人和網絡。幾乎在每個組織裡,許多權

力和影響力的中心,都不是與特定的職位有關。特定的個人或小團體也能具有權力和影響力,這些人在組織中展現出與自身的正式職位並不完全相關的專業知識、人脈或經驗值。理解和運用這些權力動態,對於發揮影響力和完成事務有著決定性的作用。你手中的指南針,會告訴你到達露營地的方向;但它不會告訴你,沿途有哪些河流、懸崖或山脊線。為此,你需要地圖。你可以利用地圖避開懸崖和河流,進一步地利用山脊線的優勢。這裡所談的政治意識,就有點像地圖的用處。

身為領導者,當我們的注意力超出限度、負擔過重時,我們往往會放下地圖。相對地,遵循著指南針的方向前進,更為容易、簡單。我們的政治意識很容易受到折耗,這有點像在精神超載時產生的黑白思維和輕率反應。從認知的角度,搞懂權力動態所含的複雜性和細微差異,對我們是既費力又難以顧及,最後反而採用技術性的、線性的辦法來解決問題。相較來說,技術性解決方案的條件低很多,可是,這些方案無一例外都以失敗告終。假如我們不把工作環境的權力動態納入計算和考量,最終會掉進河裡或被推逼到懸崖邊。

哈佛教授隆納・海菲茲(Ronald A. Heifetz)和馬蒂・林斯基(Marty Linsky)兩人在領導力模型的寫作和研究

方面，提出劃時代的見解，對這些權力動態進行了完美的描述。海菲茲與林斯基提出的經典理論「調適性領導」（Adaptive Leadership），清楚區分了技術性和適應性的挑戰。技術性挑戰，是指既有的權力結構和專業知識可以解決的問題，原有的工作模式和作業程序就能派上用場，而且解決方案是可識別和可行的。海菲茲與林斯基用開胸手術來做比喻：雖然開胸手術是一項極端複雜的手術，需要多名技術高超、訓練有素的醫療人員參與，但是它有一套標準做法可遵循，幾乎總是能順利成功。

反觀適應性挑戰，則是缺乏明確界定的解決方案或一套解決辦法，也沒有解決這些難題的既定作業程序，甚至無法在目前已制定的權力結構內妥當處理。適應性挑戰更難診斷，也更需費力解決。海菲茲與林斯基用來描述適應性挑戰的一個例子是：如何防止心臟手術病人在術後重返麥當勞？這是一個更加棘手的難題。

大部分領導者所面臨的挑戰，多數屬於適應性而非技術性，造成這種情況的主因，是來自領導者所處的政治環境。如海菲茲與林斯基所言，這也是大多數革新計畫失敗的原因。帶動革新計畫的領導者經常會犯的錯誤，就是把適應性挑戰當作技術性挑戰來對待。

焦點問題 2

我在診斷和處理適應性挑戰方面的效率如何？

利用十五分鐘，列出你在過去幾年，曾經主導或參與的一項重大革新計畫。該計畫在多大程度上，可以被視為一項適應性挑戰呢？換句話說，在多大的程度上

❶ 難以診斷挑戰的癥結所在？

❷ 不容易找到明確的解決方案？

❸ 既有的權力資源（如領導人／握有正式職權的個人）無法處理問題？

❹ 既有的作業程序（如組織內既定的當責制與工作模式）無法落實這項革新計畫？

回顧和檢討你當初如何執行這項計畫。在多大程度上，你和同事把整件事當作一個技術性挑戰來應對呢？在此狀況下又造成了哪些影響？現在，請思考一下，你目前正在規劃或努力的一項挑戰或計畫。你在多大程度上將該計畫視為一個適應性挑戰呢？你是否需要做些變動，好讓自己能夠用適應性挑戰的視角，來處理其中偏向適應性的因素？你手頭上這個專案計畫的河流與懸崖線是什麼？還有哪些山脊線？你的政治天線有多麼靈敏？為確保你的革新方案大獲成功，你是否需要進行一些對話呢？

分心、明辨、決策

在探討了從策略和政治角度進行領導者會面臨的挑戰後，我們現在來關注與領導決策和分心相關，卻更具體的疑難雜症。當負荷超載時，我們往往會偏向於選擇更省力的工作方式，而正如我們之前討論過的，這麼做通常會削弱我們行動所含的策略與政治敏銳度。不過，當我們能夠退後一步，評估眼前所面臨的策略和政治動態，並研擬出一個行動方案，那麼接下來的挑戰就變成該如何循軌前進。回到指南針和地圖的比喻，地圖對於了解我們所處的地勢，和前方的情況至關重要。可是，一旦我們展開穿越森林的旅程，就必須一路堅持到底。我們需要嚴守紀律，不要被走捷徑的誘惑所迷惑，否則很可能會徹底迷失方向。

有一項主要領導技能，能夠幫助我們保持在軌道上，那就是妥善設定優先事項並堅持不懈。在資訊時代，領導者面臨洪水般潛在的牽扯及分心因素。通常，這些干擾會被包裝成各種急件。領導者面對的主要挑戰是，如何應用政治覺察力和策略明確性，來辨明何為重要與非重要的事項，並且做出決策。想要做好這一點，我們必須清醒地活在當下，我們必須慎選優先順序。

依據研究所示，確立和實現優先事項需要三種核心技

能：首先是注意力，其次是明辨力，最後是決斷力。要看清眼前的狀況和資訊，就必須集中注意力；接著，我們需要辨別眼睛所看到的事物，從中篩出最相關和最不相關的部分；最後一步是，根據我們目前所掌握的情況，決定一個有利的前進方向（優化有益的結果）。如果注意力這個必要的前提，因分心而不成立，那麼整個決策過程就會跟著受到動搖。

近幾年，人們注意力渙散的情形變得更糟，且沒有變得更好。心理學、精神科學及神經影像學研究的文獻綜述表明，網路的使用似乎在把我們的認知能力變得更糟糕⓱。這篇綜述發現，有三項執行功能以及相對應的大腦區域，在現代生活中，似乎沒有發揮得特別出色。這些腦中區域都與注意力、記憶力、社交能力和情商有關。當源源不絕的資訊和通知不停地分散注意力，從一件事扯到另一件事，最後你的專注力就會降低。記憶力衰退的原因是我們不用靠記憶，當所有資料都可以儲存在裝置上，或藉由 Google 搜尋到的時候，就沒有必要應用記憶力了。如果我們一生都不「鍛鍊」大腦迴路，它們就會因為閒置而逐漸退化，這對晚年生活可不是什麼好預兆。社交能力與情商之所以變差，原因在於我們與其他人的實體互動，被愈來愈多的虛擬互動所取代。

阿米希・查博士（Amishi P. Jha, PhD）是一名神經科

學家,致力於我們如何管理注意力的研究。她曾與美國軍隊的領導者廣泛合作,不僅幫助領導者和士兵進行壓力管理,也協助他們學習做更好的決策[19]。令她驚訝的事實是,士兵的部署前訓練會削弱他們的注意力(意思是,他們所接受的訓練會讓注意力變得更糟,而非更好)。正常來說,應該剛好相反——訓練應當提升專注力。因此,軍方有必要將注意力訓練,擬定為軍事訓練整體的核心目標[19]。查博士用 VUCA 這個縮寫詞(見表 1),來描述許多領導者所處的環境;如果管理不善,就會「降低」注意力[20]。VUCA 代表的因素為:多變(volatility)、混沌(uncertainty)、複雜(complexity)、曖昧(ambiguity)。

表 1:降低注意力的因素

V	多變
U	混沌
C	複雜
A	曖昧

在這種情況下,我們往往會感到壓力和或不舒服,然後試圖透過走心理捷徑來減輕我們的痛苦,並抓住任何我們認為確定的、簡單的和黑白分明的東西,不管事實是否如

此。當然,我們可以透過一些策略,將 VUCA 的影響降到最低,比如提升壓力管理、包容不確定性和模糊性,以及透過正念來鍛鍊注意力。

我們可以從另一個角度,來檢視降低注意力的原因。身為字母頭韻愛好者,我們喜歡將這些視為三個 E(見表2),分別是:環境(Environment)、情緒狀態(Emotional State)、錯誤做法(Errant Practices)。

表2:三個 E

環境 (Environment)	分散注意力、易變、不確定、複雜、模稜兩可
情緒狀態 (Emotional State)	備感壓力、憤怒、恐懼
錯誤做法 (Errant Practices)	認知超載 阻斷流程 濫用科技 複雜的多工作業

想一想,我們身處的大環境如何影響自己的生活與工作。傳統的圖書館是一個設計巧妙的環境——好學、安靜的氛圍,走動少,隔板型閱讀桌,使人容易集中注意力和沉浸其中。賭場是一個設計精密的環境,充斥著隱約的制約刺激和元素,以助長盲目賭博背後的精神麻木。開放式辦公室雖

然表面上設計得悠閒而創新,但實際上卻截然不同,有一百多項研究探討了不同的辦公室環境,對員工的健康和績效造成的影響㉑。針對這些文獻的回顧可以發現,開放式辦公室其實會降低注意力長度、生產力、創造力和工作滿意度,引起的主因來自不受控制的互動、更多的壓力和更少的動機。

我們的情緒狀態,無論是個人的還是群體的,都會對注意力產生巨大的影響。壓力、憤怒、恐懼和恐慌等情緒都具有感染性,在這種狀態下,人們會針對某些事物鑽牛角尖,無論它們實際的威脅或重要性如何,以至於排除其他可能更重要的事情。

這種情況對安排優先事項會造成直接而深遠的衝擊。漢斯‧羅斯林(Hans Rosling)曾在世界衛生組織(WHO)和世界各地不同的政府機關服務許多年,他是彙整大數據方面的專家,擅長利用這些數據在極端複雜的情境下,做出明智、理性和有效的決策。羅斯林的著作《真確》(*Factfulness*)精彩有趣且富有深刻洞見,書中提出許多例子說明,數據應用做得好和做不好的地方㉒。其中有一章為〈急迫型直覺偏誤〉,討論情緒狀態對決策的影響。例如,當有人希望你做出錯誤的決定時,也許買一件你買不起也不適合你需求的東西,他們常常會在你心中擴大一種緊迫感或恐懼感,使你衝動行事忘記要審慎考量。

我們並沒有足夠的篇幅，來探討一些時下相關的議題，其中包括有策略性、系統性地利用這種恐懼感和緊迫感，來迫使人們採取行動。然而，我們需要冷靜的頭腦、有用的數據和公正客觀的態度，以免我們實施的衝動型解決方案會浪費大量資源，並在過程中使情況變得更糟而不是更好。比方說，讓我們試試來思考應對氣候變遷這個議題。這個議題需要我們付諸行動，可是如果恐懼感和緊迫感占主導地位，那麼我們的政策決定與實施計畫，很可能會平白浪費，無法永續，甚至成本遠遠超過最後所得好的好處。而這些，會隨時間證明。

　　第三個 E 代表錯誤的做法，其中幾個做法，例如阻斷流程與複雜的多工作業，已列入表 1，並於前面的篇幅討論過了。後來的研究也重複得出這個基本發現：試圖將我們的注意力同時分散到過多的資訊上，會損害我們的認知表現（例如記憶力變差、決策受損、壓力更大、錯誤增加、溝通不良）。例如，最近一項針對美國知識工作者的研究發現，當員工使用電子郵件或其他文字通訊來解決複雜的問題時，不僅會影響他們手上的任務績效，還會影響後續複雜或模稜兩可的工作任務表現[20]。這麼看來，使用科技支援的通訊管道來解決複雜的問題，將會產生認知缺陷，波及並損害我們使用重要執行功能的能力，導致無法如願完成其他任務。複

雜任務的流程被次要任務打斷，也會產生一些負面的影響，包括浪費時間。由於這種錯誤做法，每週可能會損失一天的工作產能[24]，這種時候發生誤差的機率也最高。

這種在科技方面的濫用和過度使用，正成為一個愈演愈烈的問題，特別是年輕的員工，因為他們從小就習慣這種學習、生活和工作形式。高科技承諾讓我們的生活更充實、更有成效，但結果卻恰恰相反。因此，一個有效率的領導者，不僅需要管理好自己的注意力，還需要營造有助於他人管理注意力的環境、情緒狀態和工作方法。

分心、精神壓力、緊迫感和沉重的認知負荷，之所以會影響領導者的決策能力，其背後有各種不同的原因，其中原因之一是注意力，之二是情緒，之三是心理因素。注意力扭曲與局部性或選擇性的注意力有關。感到被催促或負擔過重時，我們通常會對某些事物執著或過分警戒，可是對於明明擺在眼前的東西卻視而不見。我們也許不能夠，又或者不想要看見它們，一旦我們的注意力變得狹窄，就很難回過頭來綜觀全局。

情緒固然能激發人的活力和動力，但是也會誤導我們。當情緒狀態轉變為緊迫、恐懼或壓力時，大腦的壓力迴路就會放大對某些事物的執著，以致於忽略其他事物。此外，杏仁核的過度活躍，會妨礙執行功能的迴路，而這些迴

路原本可以用來衡量優先順序、評估數據,以及決定一個適合的對策。在這種壓力下,我們往往會手忙腳亂,反應過度或反應不足。也就是說,心理疲勞造成的沉重認知負荷,會使人的頭腦傾向於選擇最短的途徑,去取得任何老決策方法,無論那是好或是壞。

用正念清理空間

繼上述的探討之後,接下來有幾個焦點問題,可以幫助我們找出有效和標靶型的解決方案。

> **焦點問題3**
> **我必須怎麼做呢?**
> 膠著於沒有解決辦法的問題上,可以嚴重打擊一個人的動力和士氣。正如我們之前提到的,頭腦就像一個房間,如果雜亂無章、光線昏暗,它的功能就會大打折扣。為求更好的發揮,這個房間需要整理,並讓更多光線進入。那麼我們該怎麼做呢?現在許多工作環境中,有愈來愈多人採用的一個解決方案就是「正念」,並獲得了良好的效果。正念引領一個人提升對當下的察覺類似於讓光線照進這個房間的概念。然後,由於我

們在任何時刻都只關注一件事,而不是擔心與未來或過去有關的一千件事,於是可以減少精神負擔或雜念。我們可以把單純的瞬間變得簡單。當我們走路的時候,就單純地走路,而不是走路和煩惱。假如我們的工作截止期限緊迫,那就只管工作,別同時工作和煩惱。

焦點問題 4
提升覺察力有哪些好處?

當認知負荷減輕,比如透過正念的練習,領導者就有餘力改善其他面向,包括提高創造力。正念靜坐的練習主要有兩大類:聚焦專注(Focused Attention)及開放覺察(Open Monitoring)。聚焦專注的靜坐,就像是全神貫注在一個對象上;開放覺察的靜坐,則是用平常心覺察任何意識所捕捉到的外部事物。打個比喻,聚焦專注就像火炬投射出的光芒,而開放覺察就像懸掛在天花板的光球所發出的光芒。有趣的是,這兩種主要的正念練習,似乎會對創意過程的兩大方面——聚斂性思考(convergent thinking)和擴散性思考(divergent thinking),產生不同的影響。

擴散性思考有點像腦力激盪,你秉持開放心態,允許各種可能性出現;也許其中有一個點子脫穎而出,促使你選擇那個點

子做進一步的發展。聚斂性思考就是專注於這一個點子，針對它進行規劃，並實現取得成果。一般來看，聚焦專注的靜坐練習尤其能增強聚斂性思考，而開放覺察的靜坐練習則能增強擴散性思考[25]。

人們發現，正念的練習還能帶來各種其他的好處。例如，我們參與的一項研究，評估了為期八週的正念活動課程，對大學的行政和教職人員的影響[26]。我們測量了課程前、課程後，以及六個月後的一系列參數。其中重要的研究發現包括眾多面向的改善：自評績效、幸福感、潛能實現的幸福感（有意義）、工作參與度（特別是活力和奉獻精神）、真誠度（自我意識、真摯行為、開放式關係）和生活滿意度。重點是，從追蹤研究的測量數據中顯現出這些改善影響，能一直持續到六個月後。

焦點問題 5

這僅僅是領導者的問題嗎？

領導者是為團隊成員建立職場文化、態度和作風的核心人物，因此，提升上述能力和特質，是對團隊的福祉和執行能力有意義的投資。研究證明，領導者光是憑藉著更多的正念，就能提高員工的工作績效，以及他們的工作生活平衡，此外，還能減少情緒耗竭，降低偏離指示和合理政策的傾向[27]。領導者的

> 正念程度,有助於緩衝情緒耗竭(構成職業倦怠的一個關鍵要素)與消極情緒和不良行為之間的關係(即正念有助於避免捲入情緒低落和不當督導的情境)[28]。當然,如果組織已經存在系統性和職場文化的問題有待解決,那麼單方面教導人們正念的練習以期提升包容力,將會是一種虛有其表的解決辦法,很可能削弱推行必要改革所需的原動力。

意義、正念、動機、後設認知

近來,人們對於正念可以增加意義的潛在可能,產生了濃厚的興趣,其中一個小組以綜合研究和經驗做為基礎,提出「正念意義理論」(Mindfulness to Meaning Theory,簡稱 MMT)[29]。MMT 所強調的重點是,一個人有能力「去除自我中心」(decentre),即客觀地退後一步來看自己的念頭及其對情境的評價,認為這些情境本身並非天生具有壓力。這種退離頭腦及其內容(思想和情緒)的能力,被稱為「後設認知」(metacognition)。

後設認知能力與更好的心理健康有關[30]，但是它也可以保護我們免受各種其他問題的影響。它可以幫助人們在逆境中，培養自我實現的意義，並在面對充滿壓力的情況時，助推一個人用比較有適應性和靈活性的態度來重新看待。比方，面對逆境或判斷失誤，與其看作是讓自己後悔和自責的負面事件，反而更會將它看作是加深人生一堂功課的寶貴機會。前者會導致持續的負面效應，不會產生任何好的回報；而後者則會帶來意義、洞察力，以及在未來做出更明智的決定。

達克效應

　　後設認知的一個重要好處是，它有助於保護人們免於受到所謂「達克效應」（Dunning–Kruger effect）的影響，即一種高估自身能力的普遍現象[31]。在達克效應下，一個沒有技能的人，無論是領導者還是團隊成員，就容易承受雙重負擔，不僅會得出錯誤的結論，做出令人遺憾的抉擇，還會被剝奪後設認知能力，無法意識到自己的無能。如此一來，這種人會抗拒被糾正，除非他們培養出必要的自我覺察和客觀性，來對自己的表現做出更準確的評量。

矛盾的是,提高人們的技能與後設認知的能力,有助於承認自己的極限,進而更樂於接受反饋和指教。基於此,精明的領導者不太會指出他人的表現很差,儘管有時可能需要這樣做,而是會投注更多心力為對方提供所需的工具,讓他們能夠親自檢視自己的表現。前者往往導致怨恨,後者反而迎來感激。

優越的後設認知,會促進更寬廣和更能掌握整體情境的專注狀態,使人有更廣泛的能力,接受新穎的資訊和不同的觀點。如此就能打開進一步對話的可能性:改善心理層面的靈活性、解決問題的能力,以及對自己身臨的處境做重新評估的能力[32]。有了這種更敏銳的覺察、靈活性和辨別力,人們通常會選擇把更深層或內在的價值觀當作驅動力。這些內在價值會依序再回過頭來支持人們的行為,使人生更富有意義(幸福)。

認知偏差

傑出領導者具備的另一個重要特質是,能夠做出較無偏見的決定。偏差可分兩大類型:有意識的和無意識的。無意識的偏差於意識之下運作,不為個人所察覺;有意識的偏

差,則是個人清楚知道的。除非有人或事引起我們的注意,否則我們對無意識的偏差多半會顯得無能為力。

在缺乏覺察的情況下,無意識的偏差會發揮一些作用,影響我們的思維、行為,以及對人和情況的判斷力,它會扭曲我們看到的一切,同時遮蔽我們部分的視野。認知科學也描述許多類型的個人偏差,如確認偏差(即蒐集有利於某一觀點的數據,忽視反駁的資訊)、錨定偏差(即不願意適當地接納隨後出現的、展現不同觀點的資訊)、和現成偏差(即傾向於認為立即浮現腦海的事證更具代表性,但未必屬實)。

愈來愈明顯的事實是,自我覺察較強的人,比較不易受到認知偏差的影響,這有助於他們更準確地評估狀況,做出更好的決定❸。這並不表示,一個人天生正念能力較強,或投入正念的練習,就不會有偏見,畢竟我們都是人;而是說,當一個人愈是具備正念的覺察能力,就愈能夠在偏見出現時及時發現。這意味著,無意識地妄下結論的機率會隨之降低,而有更多力氣保持注意力和思維的開敞,以接收迎面而來的資訊。

海芬伯萊(Hafenbrack)* 和其團隊成員提供的研究證據闡明,一個人愈是能夠處在正念狀態之中,受到各種形式的

---

* 譯註:安德魯・海芬伯萊(Andrew Hafenbrack)華盛頓大學佛斯特商學院助理教授(Foster School of Business, University of Washington),本身具備十二年冥想經驗,主要研究靜觀冥想及文化的成本效益。

認知偏差的影響就愈小，包括沉沒成本偏差。沉沒成本偏差的定義是：「一旦投資了金錢、精力、或時間，就會有繼續嘗試的傾向」㉞。我們可能會堅持某項行動或決策，縱使這樣做顯然不明智且應該放棄。大規模的例子包括災難性的軍事行動、超過預算的專案計畫、或過快的商業擴張。小規模的個人例子可能包括：不出售下跌的股票、否認糟糕卻已付費的建議、在不健全的關係或工作中停留太久，或者賭博得更頻繁而債台高築。

正念可以減輕沉沒成本偏差，主要原因有兩個：一是正念可以將注意力從過去轉移到現在這個當下（即看到厄運臨頭的預兆）；二是正念基本上藉由離執（即放下）來減輕負面情緒，這不是放棄，而是做出更好的抉擇。有一個跡象能用來證明是否為正念的決定與否，那就是下了決定後，會有一種釋然、如釋重負的感覺。

合乎道德行事

領導者的面前有各種優先事項並驅爭先。例如，增加產出、賺取利潤和爬上晉升階梯的動機，可能會與公平待人或道德行事等本性的期望產生衝突。許多不道德的決定，源

自於缺乏覺察,因為決策者處在自動導航的模式中,而且被一些次要的回報利益(如賺錢或出人頭地)所迷惑。一系列的研究顯示[35],正念程度深的人較有可能依道德行事,更重視維護道德標準,並以遵從道德原則的方式來做決策。富有正念能力的領導者,更看重其道德認同的內在價值,而不僅僅是在乎他們預期可以獲得的次要利益。覺察能力的另一個可貴之處在於,我們更能觀察到,違背良心或深層價值觀的行為所帶來的影響——它製造沉重的壓力,也讓我們無法心安理得。在這種情況下,大腦往往會積極地為自己辯解,害怕被人發現。這些都是蛛絲馬跡,如果我們能夠及早發現,就能回頭是岸。

心理健康、動機、生產力

有的人認為,正念只不過是一種「放鬆」的練習,或者只是一種幫助忍受痛苦的方法。此外,事實證明,它能改善職場上的福祉和心理健康[36]。研究也發現,它能大幅減少情緒疲勞,和提高工作滿意度[37]。再者,領導者本身的正念修養,與各面向的員工福祉(如工作滿意度、需求滿意度),及不同層面的員工績效(如本份內工作績效、促進整

體運作的行為）呈現正比關係[38][39]。

不過，儘管正念程度較高的人，即使在缺乏支持的管理環境中也比較不容易感到挫折，但對那些以提升員工應對能力為目的，卻不處理組織文化與制度中的根本問題，對於此類正念介入方式我們仍應保持警覺[40]。個人與群體並不是分開的。為提升員工的工作效率，象徵性的、或許策略性地實施正念的練習，其實有失妥當。若不先解決原本可能導致問題的失調工作環境，那這種實施僅是「麥當當速食正念」（McMindfulness）而已[41]。

然而，生產力和幸福感是並行不悖的，還是相互競爭的呢？這得視情況而定了。一個人活在當下，就會感覺更放鬆，這是一個普遍的副加好處，因為個人對結果不再那麼焦慮；但是，許多受到成果、KPI（關鍵績效指標）等驅動的高效工作者卻認為，正念是不合需要且適得其反，因為「放鬆」就是「不思進取」的同義詞。一項有趣的研究對這一觀點進行了驗證[42]。果然，他們發現實踐正念的練習，會牽制到工作動力的下滑。可是，矛盾的是，它也同時帶動了績效的提升。這樣的結果乍看之下並不合理，因為我們通常會努力激勵自己或他人，以創造更好的表現。不過，如果你看看關於動機的常見假設，以及衡量動機的方法，再考慮到正念與績效的關係，你就會明白這之間的因果並非沒有道理。

動機通常根據兩種指標來衡量——激發和未來聚焦。「激發」是「壓力」的另一種說辭,你對人施加壓力,讓他們感到精神操勞,並假定他們的表現會比放鬆時(即冷淡、不參與任務)更好。未來聚焦是指一個人關注於任務的結果或成績(即我會贏嗎?、這樣做夠好嗎?、我會獲得獎金嗎?)。正念有什麼作用呢?它幫助一個人更沉穩(減少激動),並且藉由專注於眼前手上的作業,轉移定在未來成果上的焦點。少一點的未來聚焦,代表多一點對當下過程的專注。依照假定的動機指標來看,這麼一來就少了動機,但是實際上的重點是,一個人不再需要被壓力和對成果的擔憂驅動著向前進。更優秀的表現是來自於,一個人能夠更專注投入當下的任務。一個人感到壓力小,是因為對結果不那麼焦慮,而焦慮往往會分散人對過程的注意力。說到底,這是一個雙贏的局面。

其他證據表明,在判斷優先事項和處理行動危機的能力方面,正念具有關鍵性的作用。行動危機被定義為:「當難題不斷出現,人們在決定是繼續追求還是放棄目標時,所面臨的內在衝突。」❹ 研究證明,正念程度愈高,行動危機愈少,主要原因有兩個:第一,人們與內在的目標動機產生更多的連結,而不是受到外在報酬所驅使;第二,在充滿挑戰的期間,人們有更強的能力處理複雜的情緒,而不會被它

們淹沒。

另一項研究探討內在或外在抱負，與目標實現和幸福感的關係[44]。不出所料，內在和外在動機都會促進更多目標的實現，但令人驚訝的是，它們對幸福感的影響卻大相逕庭。達成內在的抱負（如個人成長、親密關係、社區參與和身體健康），正向地牽引幸福的感受（即生活滿意度、自尊和正面情緒），這主要是由於內在抱負會影響我們心理需求的滿足與否，如自主性（autonomy）、勝任感（competence）與連結感（relatedness）。另一方面，達成外在抱負（如金錢、名譽和形象）與「不幸福」（即焦慮、身體症狀和負面情緒）則密切相關。

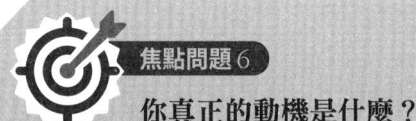

焦點問題 6

你真正的動機是什麼？

花點時間反思一下，你行為舉止背後的驅動力是什麼。你是否被壓力和未來聚焦所驅使呢？假如是的話，你要付出什麼代價？當你的表現處於顛峰狀態時——可能完全沉浸或進入心流（Flow，高度專注）狀態，你的注意力集中在什麼地方？那時你的壓力和表現狀態如何呢？此外，你的動機是屬於內在、自行選擇的，還是外在、受外部獎勵驅動的？比方說，你可能非常樂於助人，但是這麼做的理由是什麼呢？是因為助人本身就

> 是一種回報,能帶給你深深的滿足感,還是因為這種舉動在別人眼中看起來很有風範,能幫助你出人頭地?你為什麼拚命工作?是因為你對它充滿熱情,覺得它對世界有貢獻,還是因為你想要升職、掌權、或加薪?
> 　　做好本職工作沒有錯,但問題是,你的主要動機是什麼。我們會把什麼放在第一位,又準備好放棄什麼?

領導之道:覺察能力

　　綜合前面探討過的洞察、研究、焦點問題和實驗,我們發現,想要能夠妥善安排優先事項,需要具備一個根本的領導特質:「覺察能力」。如同真誠度是目標導向領導的萬能鑰匙,覺察能力對領導者而言,就是妥善擬定優先順序的萬能鑰匙。覺察能力之光有點像暗室天花板上的電燈,它能幫助領導者看清哪些地方需要投注精力和時間,又需要從哪裡汲取精力和時間。有了覺察能力,領導者就可以退一步,明晰地看清楚他們需要優先考慮的事項。具備覺察能力的領導者,能更敏銳地察覺到干擾和破壞因素,這些阻礙若不加以

解決，將導致組織脫離要事，並削弱對優先事項的專注力。

　　以下是一些個人練習和指導方針建議，對於想藉由靈活覺察能力處理優先事項的領導者將會是一大助力。分心和認知超載的代價，攸關所有工作者的利益福祉，但是，當領導者受到這些問題所影響時，就會為團隊或組織內一起協力的員工們，設下相應的工作基調和文化。領導者必須以身作則。

🚀 個人練習

練習1　減少對科技的沉迷，落實明智的自律，做自己的主人

　　以下幾個簡單的策略，幫助你戒掉對科技的過度依賴。首先，在使用科技上劃出一些界線。尤其要避免它侵入你私人的生活和空間，特別是夜晚在床上的時間。第二，對自己做出承諾，每天、每週、每年都要有一段無科技的空檔。一開始會很難，但是只要堅持下去，你將會慶幸自己這麼做。第三，關閉所有的推播通知，刪除所有你不需要也用不到的APP（應用程式）。第四，注意使用科技的地點。譬如，你是否真的需要把它帶進會議室，如果你確實需要攜帶著行動裝置，那麼至少要把它放到視線範圍之外。

練習2　讓光照射進來——定期練習正念，學會管理自己的注意力

消散腦霧。至少用兩個句號（即五分鐘或更長時間的靜坐練習）和大量的逗號（即十五秒至兩分鐘的迷你靜坐），來為你的一天設置空檔間隔。標上句號的好時機是上班前，接著是上班時間和下班後的任何活動之間。逗號特別有用的時間點，則介於完成一件事（如撰寫報告）和開始另一件事（如參加會議）之間。接下來，用正念過生活和投入工作（意思是，在你工作的時間裡，練習專注於當下的一件事、一項工作、一個片刻）。

練習3　儘可能隨時隨地減少認知負荷，清理出餘裕空間

透過休息時間，特別是讓簡單的瞬間維持簡單，來保存精力和精神空間。例如，從火車站步行五分鐘到辦公室，或從辦公室步行五分鐘去開會，沒有必要把這五分鐘複雜化，拿來反芻思考和擔心。給自己五分鐘的精神空白，只是單純地走路，並在過程中培養一種明晰、專注的精神狀態，從而投入到下一個複雜的活動中。此外，要離開辦公桌，尤其是在用餐的休息時間。

接下來,將你的時間切分為時間塊或隔間,一次只做一件事,而不是快速、被動地在不同事務之間跳來跳去,比如從閱讀報告轉到電子郵件通知,再到計畫外的對話,再跳到通訊應用程式 Slack 傳來的訊息等等,直到你發現眼前大約有 20 項工作同時打開,但是全部都只完成了一半。用你需要的時間來做一件任務(例如規劃一項新措施),接著安排一個「逗號」,再移到下一個優先事項(例如開啟電子郵件),全神貫注在那上面,然後安排一個「逗號」,再繼續轉向下一項作業(例如出席會議)等等。如果有一件突發但重要的優先事項,使你不得不中斷手中的事務流程,那就順其自然地去接應吧。先處理完這件突發狀況後,再返回你之前正在進行的事務。這麼做可以練習有效率的注意力切換,而不是忙著複雜的多工作業。

指導方針建議

建議1　禁止複雜的多工作業

上文提到這是個人應該優先自律的事項,但也必須將這個準則樹立為職場的政策。鼓勵員工學習有效率的注意力切換、切分時間區塊,以及一次只做一件事,逐一執行。如果可能,在會議中不要使用智慧型手機等科技,唯有在會議上需要實際應用時,才能攜帶和使用筆記型電腦。

建議2　優先安排時間處理重要、非緊急的作業

事實上,應該鼓勵讓員工和你自己有休息的時間,以減輕精神負擔。在花時間投入有創意的工作,或者檢討工作的優先事項中,非緊急但重要、且攸關大局的專案計畫之前,這是一種特別有用的心理準備。預留空間好讓自己從工作中退一步,來審視自己正在做什麼,為什麼要做,以及如何去完成。在一天和一週當中,優先安排時間讓自己放鬆和發揮創意,或者天馬行空地自由暢想。你甚至可以為這項(不算活動的)活動,正式指定一個安靜、沉思的實作空間。

> **建議3** 鼓勵員工適時把工作「關機」,而非一直「待機中」

　　集體討論和商定共同實踐方針,鼓勵員工面對工作相關的活動時,何時該開機和關機。有的職場會採取進一步的措施,甚至規定在晚上的特定時間(如晚上七點)關閉郵件伺服器,一直到隔天早晨的特定時間(如早上七點)才會再次開啟。如果你和你的員工,每天晚上都能確實抽出時間來補充能量、養精蓄銳,那麼第二天當他們消除疲勞、精力充沛地上班時,你和全體員工將會從中體會到豐厚的報償。

總結

我們在本章探討了認知負荷超載，以及資訊輸入的管理不善，會造成注意力更不集中，處理優先順序的能力也變差。這會間接影響行動力、決策、績效和心理健康。透過更多充滿正念的工作方式來培養更深的覺察，不僅能幫助大幅提升專注力，還能培養必要的自我覺察和後設認知，來做出更完善、更具明辨力的優先排序。為此，我們提供了一系列，讓你與員工們可以立即採用的實驗和實作。重要的是，若想驗證這些做法的潛在效果，就必須下定決心，堅持力行數週，而不是蜻蜓點水，僅嘗試一兩天。

Chapter 4

重建團隊連結

People

2019年3月15日，紐西蘭基督城的兩座清真寺，發生了駭人聽聞的槍支屠殺事件，造成50名無辜朝拜者死亡。當時擔任紐西蘭總理的潔辛達‧阿爾登（Jacinda Ardern），不僅迅速做出了回應，並傳達出同情、尊重與真誠。她慰問喪親家屬的話語及照片，被傳向四面八方。在社會面臨分裂和衝突的巨大風險時，她的領導能力和團結社群的能力，受到全世界的讚揚，然而這一點也不教人意外❶。

引起世界關注的並不是政策、管理或執法方面的作為，儘管也有許多決策與此有關，關鍵是她能發自內心與所有民眾產生連結的能力。在這起殘暴事件發生後，許多人都感到震驚和悲痛，她溫柔的溝通力串連起穆斯林和非穆斯林的社群。阿爾登透過這起事件所展現的領導力，為她贏得信譽和政治資本，這些資源在之後的數年間持續發揮作用。這是她富含人文關懷與慈悲的回應，自然而然產生的成就。

人文素養向來是人們最重視和尊敬的領導人特質，而潔辛達‧阿爾登絕不是唯一的典範。馬丁‧路德‧金恩（Martin Luther King Jr.）是美國民權運動的領袖和啟蒙者。他在林肯紀念堂前發表的「我有一個夢想」演講，是史上最感人偉大的演講之一，總結了他超越種族的共同人道信條❷。德蕾莎修女（Mother Teresa）是一位謙遜的修女，但她奉愛啟發了全世界致力於慈善和無私服務的運動，並

因此於1997年獲得諾貝爾和平獎❸。溫斯頓‧邱吉爾爵士（Winston Churchill）透過他的戰時演說，激勵英國在第二次世界大戰中，不屈不撓地抵抗納粹德國的強大勢力。正如他當時所說：「正是這個國家……擁有獅子的心。我何其有幸受到召喚，發出怒吼。❹」。安格拉‧梅克爾（Angela Merkel）是德國任職時間最長的總理之一，也是全世界欽佩的領導人。她的綽號是「Mutti Merkel」，中文的意思就是「梅克爾媽媽」，因為她的慈悲和關愛氣質聞名遐邇。

這些領導人當中，沒有一個沒有人性缺陷，我們無意暗示任何一人是完美的，既不會有批評者，也從未做過錯誤的決定。重點在於，這些人和許多其他可能的典範都證明，領導力遠遠不止於做出精明的政策決定，儘管這一點同樣重要。領導力的核心是與人產生連結互動：了解什麼可以激勵人心，帶給人感動，知道他們心中所想，並能夠轉達那些心聲。如果領導力僅僅是駕馭像汽車這樣的機器，那麼它會相對容易許多且可以預測，但是人並非機器。有效的領導力，取決於領導者與人互動的能力，無論是選民還是工作團隊，都需要領導者能夠有效地溝通。

人的理智可以清楚地定位方向，但是情感提供了朝著這個方向前進的動力和能量。為此，領導者必須了解追隨者的情感狀態和潛力，同時也要知道可能影響他們的障礙，比

如恐懼或擔憂。若不能識別、承認和消除這些障礙，就難以取得進展。

一個有天賦的領導者，能夠挖掘自己內心深處的情感能量，並透過這種方式激發他人身上的情感共鳴，無論眼前的情況所需要的情感，是同情心、平等心、勇氣、還是堅定的決心。然而，光是有情感方面的洞察力和驅動力是不夠的。一個同樣有天賦但動機欠佳的領導者，也能夠理解人們的情感狀態，他可以激勵卻同時欺騙他們，從而導致一些可怕的後果。因此，領導者仍然需要理智和道德原則，來引導和調節這些情感能量。

領導者和管理者

長久以來，人們普遍認為，坐在領導位置上的有兩種人：領導者和管理者。它們看來像同一事物的不同詞彙，卻是迥然不同的兩種功能。一篇刊登在《哈佛商業評論》的文章如此描述道：管理者專注於「增長能力、控制及恰當的權力平衡」，但這並沒有考量到「推動企業成功的基本領導要素——啟發、願景、人們的熱情」❾。真正的領導者是人的領導者，而非僅僅只是專案的管理者。顯然，一名優秀的領

導者,也可以具備卓越的管理技能,但是兩者並不一定會展現在同一個人身上。在這種情況下,具有高瞻遠矚和鼓舞人心的領導者,身邊當然需要有優秀的管理者,以確保有效地實現願景,並將靈感、熱情和精力導向最有用的地方。

基於前幾章詳細討論過濫用和過度使用資訊科技相關的一些隱患,人們也許容易認為,本書是反科技或反社群媒體的。其實不然。如果使用得當,資訊科技和社群媒體也可以成為促進改革的強大利器。讓我們來看看,烏克蘭總統弗拉基米爾・澤倫斯基(Volodymyr Zelensky)深刻鼓舞民心的領導力。2022年末,澤倫斯基被《時代雜誌》評選為年度風雲人物,他在俄羅斯入侵後,用啟發性的領導力引領烏克蘭人民,贏得了(幾乎)所有人的欽佩❻。

在他當選總統時,許多人都不把他當一回事,不將他視為一名領袖。由於媒體和喜劇表演的背景,許多人認為他是一個輕量級人物,但是他在俄烏戰爭中堅定不移、振奮人心的領導能力,使人們對他的看法有了180度的改觀。在他的激勵之下,烏克蘭這麼小的國家,大膽對抗了俄羅斯強大的軍事力量。烏克蘭不僅在軍事上一鳴驚人,而且透過澤倫斯基慷慨激昂的政治主張,以及他應用傳統媒體和社群媒體與人們產生連結的能力,他和烏克蘭贏得全世界人民的心。顯然,他身邊有紀律嚴明、聰明絕頂的戰略家。不過,若說

烏克蘭是 2020 年代的雄獅,那麼毫無疑問地,澤倫斯基已然讓牠發出了怒吼。從任何層面來說,他都準確地解讀並表達出國家人民的心聲,並證明他是一位天賦異稟的領導者。

現代還有許多其他鼓舞人心、遠見卓識的領袖典範,比如巴基斯坦女童教育活動家的馬拉拉·優薩福扎伊(Malala Yousafzai)、南非反種族隔離政策鬥士的納爾遜·曼德拉(Nelson Mandela),以及緬甸政治家兼外交家翁山蘇姬(Aung San Suu Kyi)。但是,這些人在全球舞台上展現的特質(如鼓舞人心、勇氣、毅力、對正義的渴望),其實也能從我們日常生活中遇見的許多領導者身上,看到同樣良好的示範。想一想你在自己生活中體驗過的,無論是在學校、工作,還是在社區的運動俱樂部,最鼓舞人心的領導者特質。像磁鐵般吸引人的,並不是他們的管理才能;同樣地,鼓舞人心的領導力若缺少健全的管理,很快就會迷失方向,淪為失敗。

如果說,領導者能夠鼓舞人心,那麼他們也能摧毀掉勵志與創新,尤其是當他們從根本上把自己的領導角色視為管理者,錯以為是在編寫機器程式,完全忽視自己是在領導「人」的這項事實。

某一個大型組織中的一個部門,將是用來說明這一點的好例子。此部門最初以創新、活力、奮勇當先的文化和極

高的產能而出名。它之所以能成為專業領域中的佼佼者,主要歸功於創始領導者的遠見,他根據活力、性格和創新精神來挑選新員工,並在這個基礎上建立該部門的文化。高層期望他們為各種既定專案計畫做出貢獻,但是也鼓勵他們發揮創造力,利用自己的才華開闢新天地,發展自己感興趣的領域,於是開創被視為他們職責的關鍵部分。該部門的領導者鼓勵新員工放手一搏,如果成功了,就再接再厲;如果不成功,就吸取經驗教訓,放下過去再試一次。這個部門也以充滿活力和快樂的工作場所著稱,這樣的氛圍持續了許多年,而同樣的文化甚至栽培出領導職位的後起之秀。

後來,這個部門需要一名新的領導者,可是遴選過程主要是由跨組織內部人員進行,他們對於該部門的工作文化並不特別熟悉。新人黛安被選中,但她的風格較偏向於管理,而不是領導。她雄心勃勃,對策略性計畫和績效指標的重視,勝於對人的重視。黛安在自己的領域相當成功,可是她的注意力大部分集中在自己感興趣的範疇。她追求功成名就,想攀上體制的階梯步步高升,若是別人的才華和熱情與她所關注的相左,她就不把幫助他人發光發熱看在眼裡。因此她挑選的新員工,都是專門用來推進她所熱中的企劃。

那些在自己的專業領域有所建樹、受人尊敬的員工,只能變成像機器上的齒輪,推動黛安眼中的優先事務。在工

作上,她鮮少給予鼓勵——事實上是不鼓勵員工在她狹隘的興趣範圍之外,發展其他技能。黛安的人際技能並不是她的強項,甚至在告知該部門的資深同仁,他們現在應該專注的工作重點時,也聽不到任何啟發或宏觀的思想,單單交代一句「我需要你們這樣做」。若部門員工提出意見,想在過去數年累積的專業基礎上,嘗試更上層樓的實踐,黛安就會反過來建議,他們必須將工作重心轉移到新的計畫上,否則就離職到其他地方工作,會是對他們比較合宜的做法。無需多說,這裡顯然是一個令人不太愉快的工作環境。接下來的幾年,許多才華橫溢、忠於職守的人離開了該部門,從此那裡不再以前瞻創新而為人知。

解讀上述案例的一個方法,就是從著名的「交易型領導」和「轉換型領導」之間的差異來切入。這兩個詞彙最早由詹姆斯・麥格雷戈・伯恩斯(James McGregor Burns)於 1970 年代提出,隨後在 1980 年代由伯納德・貝斯(Bernard Bass)加以發展宣揚。「交易型領導」的領導者,會為團隊制定明確的目標和意圖,並在目標未能實現時進行干預。顧名思義,這涉及一種交易思維,即工作人員透過從事各項任務,來換取目標清晰度、績效當責和經濟獎勵。在上述案例中,黛安的領導具有交易型領導力的一些(不太健康的)特徵。

相較之下,「轉換型」領導者則著重在激勵追隨者,去實現遠大而有意義的目標,提供高水準的知性啟發,並與追隨者建立個人和真誠的連結(稱為「個別關懷」)。雖然這兩種領導風格都各有千秋,但是研究顯示,與交易型領導相比,轉換型領導能穩定持續提高員工的績效、積極性和工作承諾❼。這些影響已經擴展延伸至不同的產業、管理環境和國家文化中。我們並非在表達,擬定明確的目標和員工的問責規定不重要;恰恰相反,這些技能對任何領導者來說都至關重要。然而,要建立強大而健康的文化,僅靠交易型領導是遠遠不足的,誠如上述例子已經清楚告訴我們。

焦點問題 1

在你共事過的最優秀的領導者身上,你最推崇的人文特質是什麼?

這一點值得你花時間回顧一下:在你所認識的,或曾經共事過的領導者身上,你最欣賞他們哪些人文特質。是他們有能力傾聽、善於提問,甚至對思想上沒有共識的人也保持尊重?還是他們的直率、真誠或遭受批判時能維持冷靜?你所欣賞的可能包含許多特質面向。試著問問你自己:那些特質是如何被傳遞或表現出來的?是透過領導者的言語、語氣、行為,還是決策?這對你、對他們領導的其他人,產生了什麼影響?與面對

> 面的傳達相比，借用X（前身為Twitter）、電子郵件或類似的媒體，是否真的能充分傳達這些領導力特質呢？

情商、工作壓力、職業倦怠

有世界第一夫人之稱的愛蓮娜・羅斯福（Eleanor Roosevelt）曾經說過：「一個好的領導者，能激勵人們對領導者充滿信心；一個偉大的領導者，能激勵人們對自己充滿信心。」領導力的核心是人。偉大的領導者不僅能引領支持者的思想，還能帶給別人啟迪。要做到這一點，領導者必須對自己所領導的人有敏銳的覺察，並與他們保持情感上的連結。領導者還必須能夠用清晰、準確、簡潔的方式進行溝通，同時用心交流。這方面要求領導者處於當下的「在」（presence），同時需要運用社交和情感的智商。

這看似簡單，其實並不容易，各種因素都可能削弱領導者的這些特質和能力。「隨時待命」的工作文化，為領導工作製造了兩大難題。其一是，當領導者開始感到拉扯耗損、超負荷和精神疲勞時，他們與人真誠往來的能力就會迅

速退步。這種情況背後的科學原理相當簡單：當一個人的大腦壓力迴路（杏仁核），因感知到重大威脅（或小威脅的累積）而活躍時，就會開啟單向的戰鬥或逃跑反應。這種應對非常適合本能或迅捷的反應，比如爬樹躲避老虎，但是對創造有效、清晰的溝通而言，則需要多維度、慎密的能力，這時單向的反應就不是那麼有用了。

前額葉皮質區（大腦的領導層）的執行功能迴路，被壓力迴路「劫持」，表示我們用自動導航模式的反應，取代了深思熟慮、全神貫注的回應。在這種模式下，我們會切換到「預設型回應」，這是一種思維捷徑，耗能較少。對我們大多數人來說，這是一種交易型的領導方式——只是完成基本作業，維持生存，而非轉換型的領導；對於不習慣轉換型工作模式和領導風格的人來說，通常需要付出更多努力。

第二個因素是，持續的認知負荷及「資訊覆蓋量」，容易使人產生精神疲勞，最終導致職場倦怠。研究職業倦怠的心理學家克麗絲汀・馬斯勒（Christina Maslach）與組織心理學家蘇珊・傑克森（Susan Jackson）最初將職業倦怠歸納區分為三大症狀：情緒耗竭（感覺被工作榨乾了情緒）、個人成就感下降（感覺沒有創造任何有用的成就）、去個人化（depersonalization，與群體有隔離感、情感疏離，對他人的需求漠不關心）❽。最終，職業倦怠的症狀又延伸至缺乏專

業效能和憤世嫉俗。從以人為本的領導角度來看，去個人化也許是職業倦怠的關鍵因素。

去個人化（情感疏離）是指，一個人不再以同樣的方式關心他人，與工作夥伴或雇主互動時，採取疏遠或冷漠的態度。去個人化還可能表現出消極、冷酷無情和偏激嘲諷的行為，以及不近人情的互動，這對於那些扮演照顧者角色，或支持他人的人來說，尤其傷腦筋❾。

此外，畏縮也是一個常用的應對機制，儘管可以理解，卻不是一個特別合適的辦法。當我們本身的認知和情感資源耗盡時，自然會竭盡所能去保存它們，就跟人們擔心饑荒或乾旱來臨前，會囤積食物和水是一樣的道理。與我們所領導的人，不再進行更加直接、真實、開放的對話，正是我們感到不堪重負的一個非常基本的反應。這對領導者本人也是一個當頭棒喝，他們應該藉此警惕自己，檢討目前是如何（或者沒有）照顧自己的健康。領導者的狀態有可能、且通常確實會對團隊成員的人際關係產生巨大影響，並為工作環境定下基調，然後可能引起其他人迅速的效仿。這就是為什麼我們常說，維持自我身心健康不是自私或自我放縱，而是有效領導者的責任。

如果你正在領導他人，那麼你很可能會自我奉獻很多，但你是否也花時間讓自己充電恢復呢？這可能包括生活

型態的實踐,如撥空進行身體鍛鍊。我們將在第五章更詳細地探討這個主題,但是簡單來說,如果我們不花時間幫自己補充能量,那麼支持身心的水井很快就會乾涸。到最後,任何人都無法從中受益。

科技和簡訊無法取代對話

即使領導者有能力和精力,以科技為媒介的工作環境,也會助長以文字為基礎的溝通(例如協作應用程式、電子郵件及簡訊),並將它變成預設模式。在大多數的職場,這些溝通方式正逐漸取代更真實的面對面談話。以科技為媒介的溝通方式省時省力,對於完成一些事務很有用,可是它缺乏深度交流所含的同理、細膩和肢體語言,而這些都是支撐社交和情商必要的條件。

透過簡訊或電子郵件進行文字交流時,一個人很容易將自己的態度或情緒,投射到對方所寫的內容上。打個比方,如果我們對剛剛發生的某件事感到憤怒,那麼我們就很容易從別人寫的東西中讀到憤怒。如果我們感到煩躁,那麼就更容易將開玩笑的幽默,理解為嘲笑或挖苦。研究表明,在發送文字訊息時,即使人們以冷靜的頭腦進行溝通,也只

有 50% 機率能夠準確判斷對方表達出來的情緒⑩。在這項研究當中，有 15% 的機率，人們完全弄錯對方情緒的正負向性（即情緒的正負程度）。在壓力大的工作環境中，這種情形有可能更嚴重。

為了更深度說明，讓我們來看看，一名參加正念課程的高階主管所舉的實例。某次他因為時間不夠，而快速讀過顧客的電子郵件。接著他立刻跳到結論，認為顧客是蓄意刁難和阻撓，而他正準備砸出一個粗暴的回覆。幸運的是，這名高階主管抓住了一個自我覺察的瞬間，注意到自己是用自動導航模式在行動，而他顯然對顧客寫這封電子郵件的目的，做了偏頗的臆斷。他稍作停頓，然後決定寄出一個慎重的回覆，以釐清顧客的實際需求。後續這位顧客回答道，他只是想進一步了解一些資訊，以幫助他下決定。於是，這名高階主管寄出一封溫和的回覆，提供了更多資料，最後一切圓滿結束。

假如身為領導者，你需要深入探究和查明，每一位團隊成員的進度追蹤，以及他們正在面對的情況，那麼這類型的問題就會變得複雜。當作業進行得不順利，敬業度低迷或甚至出現人際關係的衝突，情況就更糟了。在這種情況下，我們看到的是，領導者往往很難意識到需求是什麼，然後會轉換做法，採取不同的溝通手段。這聽起來很基本，事實的

確如此，可是令人難以置信的是，我們經常看到領導者在這方面漏洞百出。如果我們能夠與他人面對面，進行更直接的溝通，並且有其他線索——如對方的語氣和肢體語言，來幫助我們調整或糾正自己的看法，那麼這種誤讀他人訊息的情況就不太可能發生。

我們與各種領導人，在培養正念領導力方面的合作，可為此提供寶貴的洞見。多項研究發現，懂得應用更多正念力量的人，與不擅長應用正念力量的人相比，溝通方式似乎迥異。比較「正念評量分數」最高和最低的專業人士後，正念力量強的專業人士，會更以客戶為中心，參與更多融洽關係的建立，表現出更正向的情感基調，有更高的機率獲得「溝通良好」和「客戶滿意」等評價[11]。

實作試驗1　檢查你的感知

把注意力放在某一次的溝通經驗，當時你所讀到的文字訊息，激起你情緒的波動。觀察當時造成的影響，以及你的反應。你覺得自己想寫什麼樣的文字做回覆呢？接下來，如果可能的話，把握機會與對方見個面，或者打個電話給對方，就這件事進行談話。首先，請他們以口頭方式再次向你說明原本書寫的內容。如果仍不清楚，請再次與對方確認，該份訊息的內容和語氣要傳達的要點。口頭形式的表達，帶

來了什麼影響，而你的反應又是如何呢？對於口頭上表達的內容，你所感知到的內容，跟用文字傳遞的一致嗎？你口頭上的回答，跟原本想寫的文字答覆是一致的嗎？

團隊的溝通與協力

我們曾經間接參與過的一項研究，是藉由電子郵件的交流所發起的，而訊息往來的兩個人都聽說過彼此，但互相並不認識。我們還寄出電子郵件，邀請其他可能的合作者參與，後來他們也加入進來。然而，大多數人都素未謀面，而且本研究專案的所有規劃，都是透過文字形式的溝通來進行。隨著研究企劃的展開，規劃似乎成了一個費力的過程。簡單的問題，得花費一長串的電子郵件才能解決，並達成一定程度的共識。隨著問題愈來愈多，參加者的參與度變得愈來愈低，回覆郵件的速度也愈來愈慢。最後，研究企劃雖然完成，卻不算特別成功或令人愉快，團隊成員也沒有意願，再次以這樣的小組結構進行合作。我們不禁猜想：若加入幾次面對面的對話，是否會有不同的結果。

美國的一項研究，考察了一般團隊會如何著手處理複雜的問題。結果發現，當人們使用文字為主的溝通（而不是更直接的對話方式），來合力解決一項複雜的工作難題時，會削弱他們在後續任務中的參與品質及人際連結[12]。換句話說，這種衍生效果意味著，在應付下一個任務或挑戰時，人們的動機會減弱，並難以感受到人與人的連結。

基於這些理由，我們發現隨時待命的文化，以及過度使用文字為主的協作模式，會迅速耗盡團隊及其領導者的「社會資本」，除非人們用高度察覺力來解決這個問題。人們需要能夠擁有直接交流的空間，在那裡分享他們個人面對的挑戰，獲得傾聽並感受到支持。同樣地，團隊成員也需要得到直接的反饋，並能夠清楚地知道，自己需要做些什麼才能成長和進步。這種對話不可能匆忙進行，也不可能藉由電子郵件執行，在某些職場中根本就直接被略過。從快節奏的做事方法——「計畫、執行和繼續向前」，切換成建立團隊內部更深層的連結感，就是成敗的差異點。然而，對一個碰到極限、時間急迫的領導者而言，就算可以設法改善，這仍是一個艱難的課題。除非付出努力去控制主因，即減少認知負荷、洪水般的資訊量和通訊量。

另一個有趣的研究領域是，探討隨時待命的工作模式，對人們在社交活動中調節情緒能力的影響。對於許多團

隊及他們的領導者來說，行動裝置的使用似乎正在逐漸干擾人與人之間連結的品質，智慧型手機可能是最明顯的一個例子。這個電信連線革命，創造了前所未見的成果，使溝通更快速、更靈活。不過，隨之而來的行動裝置依賴性，則削弱人們面對面進行更直接交流的能力。因此，近年來有關科技成癮問題的研究，呈現爆炸性增長。

研究表明，長期和無節制地使用行動裝置會影響人們的社會認知，其中包括關鍵的心理「資源」，如自尊 (Self-esteem) 和自我概念 (Self-concept) ❸❹。社會認知可以定義為：「使個人能夠充分利用身為社會一分子優勢的種種心理過程。❺」有了穩當的社會認知能力，人們才有本事與他人建立連結和相互信任，準確地解讀他人的意向、理解他人的行為，並在需要時獲得支持。我們所進行的研究發現，無節制使用行動裝置，會持續侵蝕自尊和希望等社會認知要素，進一步導致情緒調節方面的困難，包括情商下降、在負面情緒下難以追求目標❻。對領導者來說，這些都是不可或缺的技能，他們必須有能力調節自己對各種情況的情緒反應，以保持團隊的專注力，帶領全體在軌道上前行。

與過度依賴行動裝置的領導者共事，吃苦的自然是團隊成員或追隨者，然而實際的情況不只如此；相反的立場似乎也會造成同樣的困擾。研究（包括我們執行的一項研究）

發現，無節制的網路使用，會導致人們尋求社會支援的主動性減少，包括與他人的連結減少，取得實際幫助和支持的能力降低[17][18]。無節制的科技使用，不但無法替代優質的人際連結，反而會破壞人們所獲得的社會支援品質，而這種支持對領導者是極度重要的。

俗話說：高處不勝寒。當虛擬互動取代了面對面的交流，或者至少是即時的聯絡時（例如 Zoom 視訊），非但不能加強領導者與團隊成員及其他主要合作者的連結力道，反而有損彼此關係的品質。當然，接下來產生的一連串衝擊，不僅影響到領導者本身，也影響他們所帶領的人。結果令每個人感覺缺乏支持和連結，信任度瓦解，或者自始至終從未建立過真正的信任。我們都知道，「信任」是安全且愉快的工作環境中所不可或缺的部分，也是建立高效團隊和組織的基石。

焦點問題 2

你是否曾發現，自己使用文字和科技媒介，來避免與同事直接接觸？為什麼？

當你確實發現，自己與同事用虛擬介面的溝通愈來愈多，捨棄了更直接的對話，是否也觀察到自己有退縮的傾向，尤其是

> 以這種方式來迴避，針對重要議題展開具挑戰性的談話？如果有，這麼做是否有助於解決問題，還是長期下來會使問題變複雜呢？在迴避某件事情時，你的心是平靜的，還是焦躁不安，整個思緒繞著正在迴避的事情打轉？當你終於面對自己一直在逃避的問題時，心境上有什麼變化呢？

辯證法：探究的藝術

自古希臘時代起，發問的藝術就一直是追求各種形式的知識核心，特別是智慧。這項藝術最純粹的形式就是辯證。很多時候，我們迫不及待且積極地將自己想說的話傳達出去，卻忘了探究他人想說的話；我們迫不及待且積極地想證明，自己是對的、其他人是錯的，以至於我們不會理性地質疑自己或其他人的假設。

辯證法的整個過程，是以「教育」（education）的真義為基礎。「education」源自拉丁文「educare」，意思是「引領或導出」。與一般認知不同的是，真正的教育並不是將知識塞入頭腦的過程，而是將潛藏於我們內心的智慧或洞察力發

掘出來的過程。那麼，我們與生俱來的智慧是被什麼所覆蓋呢？那就是「錯誤的見解」。那麼，可以用什麼消除那些錯誤的見解呢？那就用誠懇、誠實和勇敢的詢問吧。

最好的辯證法，是用無我的狀態，對問題進行探索。你可能已經注意到，一旦「自我」捲入談話中，很快就會把事情看成是針對自己，接下來的對話，就會演變成論點的輸贏，而不是去探究立足點的真實或力道。如果我們的論點被證實是錯的，這就很容易讓我們感到威脅，於是我們會不擇手段地爭取勝利。

這意味著：鬥爭，扭曲或誤傳對方的觀點，隱瞞自己觀點中不利的部分，還有忽視任何會使我們立場變弱的主張。我們也許會在爭論中獲勝，但是當中的價值或真實，卻被犧牲在名為「自我」的祭壇上，而且我們與相關人士的關係可能就此付諸流水。即使我們對某些事情的看法是正確的，一旦自我牽涉其中，焦點就會變成操控力或自我吹噓，而不是真實，如此一來可能會貶低或羞辱對方。相反地，用「無我」的探索方法面對問題時，整體會是一個協力合作而非競爭的過程。

> **焦點問題 3**
>
> 討論重要議題時,我們是否可以產生更多的自覺呢?
>
> 看看在探討問題和進行辯論的過程中,你是否能對自我有更細微的覺察。你是否注意到,執著於自己的觀點或立場所帶來的影響?這份執著對你的感受和溝通方式又有什麼影響?這會把整個對話帶到個人的層面嗎?如果我們對某件事的看法,有可能被證實是錯誤的,這是否會造成潛在的威脅?留意到這一點,並放掉我對、你錯的追求,會有什麼效果呢?我們能否客觀公正地,對自己的和他人的假設提出疑問呢?這麼做又會對你的感受和溝通方式帶來什麼效果?

實作試驗 2　辯證式探究

我們如果遵守幾項基本原則,就能使辯證發揮更好的作用。首先,調整我們的態度,去追求真實,而不是成為對的一方或勝利者;這會讓對話變成一個合作的過程,而非衝突的過程。其次,為了以議題或業務困難的真實性為優先考量,我們必須捨棄固執己見,將它們視為可被檢驗或審查的想法。第三,以自由的心態,共同質疑呈現在眼前的意見、立場或觀點;測試它,看看它是否經得起審查和舉證。第四,

如果經不起檢驗就捨棄它,並根據所搜集到的洞見,再一次進行考量。第五,在討論的過程中,用心傾聽他人,也傾聽自己的發言。對於團隊和企業的領導者來說,這種辯證法總是能導出更好的決策。

一個採用辯證法的領導者,能專注於議題或問題的真實性,而不是強推個人偏好的建議或方案,那麼最終必然能做出更精確、較少偏見的貢獻,並且有更多專注力,去解決眼前任何議題或挑戰的實際癥結點。

同理和慈悲不一樣

當一個以人為本的領導者,聽起來是個很棒的主意,而且看起來很簡單,但是不管是做人,還是人與人之間的互動,都是錯綜複雜的,主要是因為情感是人類天性的一部分。同理(empathy)就是其中的一種情感。幾十年來,身邊的資訊一直告訴我們,同理為何重要又該如何培養,但是現在有一股反思,在檢討這項建議是否百利而無一害。最新

出現的科學共識是,同理在某種程度上是有用的,但重點是在我們體驗到同理後,接下來會發生什麼,那才是判斷同理是帶來正面還是負面效果的關鍵。

來自心理學、生理學和神經科學領域,關於同理和慈悲(compassion)之本質的新研究,徹底革新了我們的思維。下圖是同理與慈悲的階級模型,由神經科學家辛格(Tania Singer)和凱林梅茨基(Klimecki)所提出⑩,並標記出這兩種情感的主要特點。

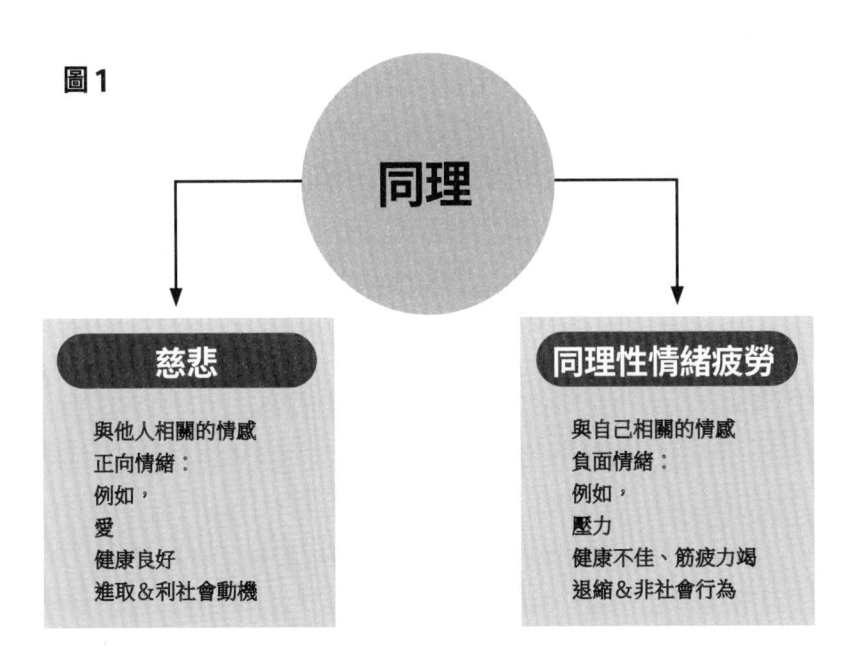

圖1

```
                    同理
                   /    \
                  /      \
                 ↓        ↓
         ┌─────────────┐  ┌──────────────────┐
         │   慈悲      │  │  同理性情緒疲勞   │
         ├─────────────┤  ├──────────────────┤
         │ 與他人相關的情感│  │ 與自己相關的情感  │
         │ 正向情緒:    │  │ 負面情緒:        │
         │ 例如,       │  │ 例如,           │
         │ 愛          │  │ 壓力             │
         │ 健康良好    │  │ 健康不佳、筋疲力竭│
         │ 進取&利社會動機│  │ 退縮&非社會行為  │
         └─────────────┘  └──────────────────┘
```

當我們對他人展現同理時,也許一位同事正因為與團隊成員的麻煩關係而苦惱,我們就碰上了一個重要的分叉路。最常見的同理會進一步變成「同理性情緒疲勞」,表示我們會因為同事的苦惱而感到困擾。這種情形也可以稱為「替代性困擾」,我們大腦和身體的壓力路徑受到刺激的方式,與原本真正在經歷困擾的人如出一轍。這麼一來可能會——通常的確會迅速串連成負面情緒,將注意集中在我們自己身上,並希望透過迅速「解決」對方的困擾,來讓自己脫身而出。如果我們持續遭遇這種同理性情緒疲勞,並且啟動這些壓力路徑,那麼我們的健康就會受損,導致同理疲勞最後身心耗竭。這種情況下,我們身心最常出現的保護機制就是退縮[20],這是一個雙輸的局面。假如同理走的是這個路徑,就沒多大的助益了。

焦點問題 4

同理困擾會產生什麼影響?

在沒有論斷或批評的情況下,請利用這個機會反思一下,你曾經歷的同理或替代性困擾。也許那時候,你身邊的人正在經歷某種痛苦,或者你需要負責的人表現或適應不佳。當時是你控制了自己的情緒,還是情緒控制了你?這對你的身體造成了什麼影響?你是否注意到,啟動戰鬥或逃跑反應的跡象,例如

> 緊張、腎上腺素、心跳加快、呼吸急促和興奮？這對你的情緒狀態造成了什麼影響？你是否感到害怕、急迫、焦躁、困惑、僵硬或憤怒？這對你的行為造成了什麼影響？你是否想要戰鬥或飛行（逃脫），或是感到焦慮，想要快點解決這個不好的處境？這對你的溝通造成了什麼影響？你是否處於分心、慌張、囉唆或關機的狀態？這對你事後的感受有什麼影響，而這個影響的餘波又持續了幾分鐘、幾小時，還是幾天呢？這對你日後抱持開放態度來面對類似的情況，有什麼樣的影響？

我們要是以為，保護自己免於替代性困擾的唯一選擇，就是必須冷眼看待別人的憂慮，其實那是不健康的做法，事實上還有其他選擇。假如顛倒過來，同理轉換成了「慈悲」，那麼關心和注意的焦點就會放在對方身上，而不是轉向我們自己。這會啟動大腦中與正面情緒相關的迴路，從而提升整體的身心健康，以及盡力幫助他人的利社會行為。

有時候，並不需要採取任何行動，我們只需要創造一個安全的空間，讓對方可以傾訴心事就夠了。無論如何，發揮慈悲是創造雙贏的局面──給予幫助的人和需要幫助的人，都會因此受益。根據愈來愈多的研究，專家認為，實際上慈悲疲勞並不存在。人們不會同時體驗到慈悲和痛苦；慈悲不會讓人疲累，反而會讓人充滿活力。

質化研究證據顯示，領導者的正念與慈悲訓練會影響兩大軸心：自我與他人，態度與行為[31]。就自我而言，這些訓練會帶來態度上的轉變（更出色的自我覺察、開闊胸襟和洞察力），以及行為上的改變（更好的情緒自我調節能力、捨棄無益的行為、發展有益的行為）。就他人而言，這些訓練會帶來態度上的轉變（覺察更多對別人的影響、對別人抱以開闊胸襟、包容別人複雜難解的情緒，以及欣賞別人多一點），還有行為上的改變（有效的溝通、更好的指導、賦能和更多的關懷）。

「只要將同理轉化為慈悲」，聽起來很容易，卻需要我們練習一些細節。問題是，我們是否能提早注意到這些跡象，例如當它們實際發生時；如果能，我們可不可以在反應當中，做一些不同的事情，並將它轉成比較有意識且有用的應對呢？如果你已經在練習，之前描述過的一些正念技巧，那麼這會讓整個過程變得更容易。

實作試驗3　練習把同理轉化為慈悲

以下四個關鍵步驟，可以幫助你將同理轉化為慈悲。首先，我們需要覺察，這包括自我覺察，在對他人的困擾做出反應的那個當下，同時覺察到自己。這是進行下一步的先決條件——能夠有意識地選擇我們的回應。第二，我們需要教

導自己接受並適應，自己和對方可能會感受到的不自在。假如我們無法做到這一點，我們的注意力就會脫離現況，而且很可能會反應得太快，匆促地想要「搞定」問題。第三，我們必須記住共通的人性，眼前的這個人和我們一樣，都希望從痛苦中解脫。這對於我們爭取資源，來幫助眼前之人非常重要，倘若真的可以提供幫助的話。第四，如果我們已經確實用前面三個步驟做好了準備，接著我們需要公正但富有慈悲地將注意力放在對方和他們的處境上，用心傾聽；有可能的話，也願意提供幫助。如此一來，我們就能夠把同理轉化成慈悲。

無論你覺得自己處理得有多好或多差，都要從經驗中學習，然後繼續向前行。就像所有這些領導技巧一樣，在慈悲的回應開始變得更自然、更像本能之前，你必須有心理準備重複多次的練習。

有覺察能力的領導者是一個典範

無論好壞，領導者都是組織或團隊具有力量的榜樣。至少在領導者沒盯著的時候，團隊成員比較有可能去做領導者所做的，而不是他們所說的。因此，更有意識地去行動，是領導者樹立模範、期許眾人效法的要領。這一點可以參考領導力領域中新出現的證據來闡明。

一位傾向於培養更多覺察力（正念特質）的領導者，可以預期為員工的福祉和績效，帶來一連串正面的結果[22]。一位具備正念的領導者，光是憑藉著更多活在當下的力量，還有對自己共事的人投以更多關注，就足以對工作滿意度和心理需求滿足感（即自主性、勝任感、歸屬感）產生正向影響，同時也會對工作績效和組織公民行為（即超越你的既定職責，但對團隊的其他人或更廣泛的組織，有益的行動或舉措）產生積極效應。可以用心理需求滿足感來解釋領導者的正念力量，為何能強化員工的成效——領導者愈是用心關注和支持員工的心理需求，員工的績效就愈好，也會愈有成就感[23]。正念也能引領個人的道德與利社會行為，原因在於，覺察力較強的人具有更多的內在動機，進而會做出更有意識、而非習慣性的選擇[24]。

有關正念如何影響高階經理人的研究發現，正念可以

提升參與者的領導技巧。尤其是，正念能激發人類的共同願景、展示美德智商，並且鼓勵和激勵他人[25]。正念能力更高的領導者，會對追隨者各方面的滿意度產生正面的影響[26]，主要是因為領導者與追隨者之間有超過言語的溝通。正念對於職場上管理情緒起伏的能力提升，具有核心的重要作用，主要原因在於，正念可以減緩反芻和負面情緒的負面影響，從而避免將負面經歷（例如，遭遇不公平）轉化為負面行為（例如，報復）的機率[27][28]。因為當負面行為導致報復時，會使怨恨、敵意和進一步的不良行為更加根深蒂固。

全然地處於當下和自我覺察的能力，可能是遏制職場攻擊的關鍵。覺察力在防止敵意演變成攻擊方面，具有決定性的作用[29]。覺察力特別有助於減少個人在無意識和習慣性使用那些往往會加劇衝突的不良情緒調節方法（如壓抑、發作和消極溝通）時所感受到的逼迫感。領導者的正念也有助於人們管理情緒上的疲憊，從而防止情緒惡化成不良情緒和虐待性監督[30]。

有證據顯示，正念與團隊成員交流（Team-Member Exchange，簡稱 TMX，即員工對團隊內整體工作關係品質的感知），存在既顯著又正向的關係，主要歸功於正念可以增強管理情緒能力的作用[31]。由此可見，正念可以是團隊建造和減少職場衝突的重要工具[32]，依此進而產生了「團隊正

念」這個新興概念[33]。這項能力就像一道保護措施，防止團隊的衝突惡化，並減少由「工作衝突」轉為「關係衝突」的傾向，從而避免削弱其他團隊成員之間的合作。

　　幫助員工提高覺察力，對他們個人也會帶來好處。領導者的覺察力，有利於員工的幸福感，這可以從情緒疲勞的減少、工作滿意度的提高、心理需求的滿足，及工作績效的優化等得到證明。該研究還強調，組織的大環境扮演著舉足輕重的角色，在職場上直接促進或阻礙員工的正念練習[34]。

領導者之道：開放心態

　　同樣地，我們必須闡述另一項經典的領導特質，在試圖與共事之人建立更好的連結時，可以協助領導者直搗眼前潛在問題的核心，而不是那種單純麻痺我們或分散我們注意力的伎倆。綜合上述的故事和研究，我們認為「開放的」態度，也許是領導者最值得培養的基本特質，有利於與他們所領導之人建立堅實、健康的連結。

　　開放的胸襟是來自你的心、你的態度；攸關你如何進入一個情境、會議、辯論、衝突和對話。有了基本的開放態度，你肩上的「包袱」就會被留在門口，使你能夠全心全意

地去面對眼前發生的狀況。唯有敞開心胸,我們才能清楚且完整地與周圍的個體或群體,甚至使用的作業系統產生連結。唯有在敞開心扉的時候,我們才能真正認識一個人——尤其當這個人是和我們一起工作或生活了數十年的人。當我們敞開心胸時,就好像是第一次見到這個人或狀況;我們用新鮮的眼光來看待一切,準備好迎接任何會議或情況的意外事件。如此一來,就像打開了一扇大門,展現出真實性、轉換型領導力,調控但不隱藏情緒、發揮同理心,以及我們之前逐一解析的所有要素。

在培養開放心態的過程中,領導者不需要變成各種事項的受氣包,不需要變得沒有策略,也不需要對所有事情都說「好」。身為領導者,絕對可以敞開心與人往來,同時保持精明,並在必要時防禦和堅持自己的立場。懷有開放的胸襟,代表整個人活在當下,全心全意地投入,即使是身處有衝突的情況,或者有必要進行激烈辯論或鍥而不捨的堅持時。藉由開放的態度,我們更能感知到環境裡的各種徵兆。這表示我們不單單是真誠地與他人連結,我們還能夠更全面地了解他人所呈現的態度、資訊和偏好,並衡量利害關係以及思索如何做出最佳回應。開放的胸襟讓我們更能夠把別人的話聽仔細,包括塑造他們的工作日常事項、野心和願望。以下,我們提供三項個人的實作練習,來培養領導者的開放心態。

第四章 重建團隊連結(People)

實作試驗 1 用開放心態和注意力進行溝通

首先，無論如何，在進行重要的對話或會議之前，請先做好功課。不過，注意在與對方進行對話之前，勿在腦海多次演練對話內容。這樣的習慣會曲解別人的話，並把通常與事實無關的態度投射到對方身上。我們可能以為自己是在練習或排練，但是這麼做通常是偽裝成有用的反芻。避開這種反芻的動作，將降低談話時會出現的風險，如偏見和限制你的回應範圍。其次，在展開對話以前，或者前往談話場所的途中，暫停一下，聚精會神於當下，穩住自己的中心。第三，約定時間一到，在對話開始時停頓一下，然後專心溝通，特別是一來一往當中關於傾聽的部分。

請注意你在傾聽的過程中，有多少次會脫離對方所說的話，轉而把注意朝向自己，習慣性地在腦海排練你接著想要回應的內容。這就是我們上面提到「包袱」的一個例子。將你的注意力轉向外面，繼續傾聽，在試圖讓自己被了解以前，請確定你已了解對方。必要時提出問題，以確保你自己對他人的情況有清楚的理解，然後，在給予回應時，以開放的態度說話。除了你需要表達的事情之外，也要肯定和處理對方或其他人提出的問題。

實作試驗 2　學習用正念調節情緒

　　我們都是人，具備更多正念的力量，並不代表我們會突然不再有不舒服的情緒、無助的反應和無意識的習慣，但是我們可以培養能力，讓自己更敏銳地覺察到這些情緒、反應和習慣，並且學習用不同的方式來處理它們。

　　如果你固定練習正念靜坐，你很可能會觀察到，一天中積壓的情緒、反應和習慣猶如水瀆流不息。如果你任由它們，它們就會在你的覺察場域內來了又去。要做到「放過、放下」，我們必須減少反應，並培養與它們斷捨離。如果情緒和習慣出現了，不代表你做錯了什麼；假如它們真的出現就雙手歡迎，並當作是一個練習機會，讓它們來了又走，讓批評和次要反應跟著越來越少。這麼一來，你就有本事在平時與他人的互動過程當中，注意到這些情緒、反應、習慣的浮現。練習用好奇心看著它們，並培養不批判它們的態度。

　　你不必「控制」這些情緒、反應和習慣，但是如果你學會退一步，用無執著和更包容的態度置身事外，那麼你可能會發現自己不需要那麼受它們的牽制。你可以觀照它們，但不需要將注意力定著，同時被它們獨占。如此一來將會騰出你的注意力，讓你能夠投入眼前的人或事，也會讓你在回應時，有更遼闊和愈加清晰的選擇範圍。重要的是，當情緒反

第四章　重建團隊連結（People）

應和緊張出現時,正念會幫助你避免陷入衝突和報復的循環。

實作試驗3　慎用以人工智慧與科技為媒介的溝通模式

拒絕過度使用科技。必要時使用它,但儘可能避免用它取代與真人的實際溝通。儘管有時候你有必要設定界線,但是應該避免養成習慣,利用虛擬介面的溝通模式,來閃避難以應付的對話。把面對面的溝通視為第一選擇,如果行不通,就改用口頭的溝通方式,而非傳送簡訊,尤其是關於複雜、情緒化或人際關係的議題時。此外,注意自己使用科技的方式,不在溝通時進行複雜的多工作業,以免影響與他人互動的品質。

🚀 三項指導方針建議

建議1　培養正念溝通

無論是一對一的互動,或者在會議中,在你的團隊或工作文化中,積極培養正念溝通。可能的話,邀請這方面的專

家到工作場所來,教授團隊這些技巧。

建議2 協助同事習得更好的情緒調節能力

幫助其他人,了解和培養你本身已經具備的技巧。第一步是以身作則,把它視為團隊或職場合作文化的一部分。要耐心以待,因為這是需要時間發展的技能。

建議3 制定有關合理和適當使用通訊科技的政策

將「實作試驗3」設定為職場的政策,並且盡你所能做一個模範,展示更好的溝通。在工作空間或會議室溝通時,不要讓科技成為人與人之間的隔閡。

總結

　　在本章，我們探討了領導工作在人性方面的重要性和複雜度。壓力、認知超載、同理困擾，以及科技的誤用和過度使用，讓許多相關問題變得更加紛繁難解。要糾正這些問題，最關鍵的是培養開放心態，以及自我覺察、辯證探究、慈悲心和情緒調節等相關能力。有了以開放態度領導的基礎實踐，我們就有能力在更加穩定、全然投入的狀態，以最重要的明晰心智來領導其他人。

第四章　重建團隊連結（People）

Chapter 5

照顧自我穩定

Personal

當我們試圖同時處理太多事情，而感到壓力沉重時，自我照護可能是最難優先顧及的事，卻也是最先犧牲的事。對領導者來說，尤其如此。任何一個從團隊成員躍升為經理的人，都能清楚體認這一點。你突然感受到一種責任感，既令人興奮又充滿潛力，卻也極其可怕和令人生畏。對於現代的領導者來說，領導工作如走鋼絲是一項巨大的挑戰，特別是在資訊超載的大環境下。

最近我們所合作的一位領導人，也面臨著同樣的處境。蓋伊是一家研發機構新任命的產品部門主管，負責管理大約 60 名員工。在蓋伊上任的第一年裡，我們多次與他會面，為他提供輔導支持，幫助他儘快適應領導角色。我們深入探討了他面臨的各種問題和挑戰，比如他如何確定和安排業務的優先順序、如何調配最優秀的人才、如何處理一些麻煩的員工，還有如何影響組織高層關注的議題。不過，我們很快就注意到，蓋伊基本上整個人是靠腎上腺素在運作。他睡得不好，整晚都在回覆電子郵件和其他訊息，而且週末兩天都在工作。他覺得自己必須維持一切的運轉順暢，他做的全是反應型的決定，背後支撐的策略非常有限。他的精力和注意力都投注在「外面」；最重要的是，我們看到他沒有信心，也不認為自己「被允許」後退和暫停。結果是，他的健康狀況很快就變差了。

當然，蓋伊知道正在發生的這一切。他知道自己需要重新設定工作模式，卻找不到斷路器。我們與他一起找解決辦法，讓他退後一步，釐清他最重要的優先事項；接著嚴謹地挑出，他要有意識放下的部分，以及他要如何在職場政治上拿捏，以免丟了飯碗。然後，蓋伊把注意轉到他的工作方式上。他找出了一些自己準備好要設定的界線，以劃分時間如何運用，這樣他就可以得到更有效的休息。蓋伊表示，做出這些改變最大的挑戰是內疚感。他覺得，如果在自己的工作時間上設定界限，並堅持到底，感覺就是在忽略他的團隊。然而，如果少了這些界限，他最多只能再撐三到六個月。他的自我照護和界限設定，是一種領導力的表現。

成為改變

改變世界從自己開始。

在領導工作領域，很少有比這句話更被廣泛引用的了，一般認為這是出自 20 世紀最受人尊敬的領導人之一——聖雄甘地的名言，儘管他可能從未真正說過這句話。這句話可以從許多不同的角度，從最大到最小的範圍來看。其中一個觀點就是，如果我們不先轉變自己，並且讓自己的

言行符合我們崇高的志向,那麼就不能去期望其他人或情況,會變得跟現況不一樣甚至更好。如果我們能改變自己,讓自己變得更好,那麼我們至少能對自己感到穩當和滿足;不過同時也能對周遭的人和環境,產生正面的影響。這就是蓋伊要跨越的難關。當他開始設定一些界線,以確保擁有自我照護的時間,這個舉動也允許他身邊的人跟著這麼做。紐約布魯克林區一所高中的教育工作者阿琳‧洛朗斯(Arleen Lorrance)這樣形容:

七年來,我履行契約,在機構的時間軸上留下足跡。我抱怨、哭泣、接受絕望,因為其他教職員工沒有做的事而貶低抱怨他們,並將我所有的精力都放在試圖改變他人和制度上。最後,我得到一個清晰明白的體悟:我是唯一可以禁錮(或釋放)自己的人,而我唯一可以改變的人只有自己。於是我放下自己的憤怒和負面主義,並決定單純地一直保有全然的愛、開放與脆弱❶。

身為集體中的個體,我們對自己所做的正向改變,可以成為他人的榜樣。如果我們的改變是為了更好的明天,那麼我們已經在組織內部帶來文化上的轉變。另一方面,抱怨或批評可能會成為職場文化的一部分,但就像黑洞一樣,被

吸進去的東西永遠回不來，也不會發光。一味地挑剔事情的現狀，希望別人有所不同，這不僅會令人沮喪、毫無益處，而且還會建立批判和消極的文化。

　　就積極的改變而言，我們需要從自己做起。這引領我們進入第四個P：照顧自我穩定（Personal）。我們可以透過各種方式，來探討領導力的個人層面。前面的例子點出了倫理和道德的面向，不過，就像蓋伊的情況一樣，對現代的領導者來說，更具挑戰性的問題可能包括：第一，在經常出現強烈要求的工作生活中，安排自我照護的時間；第二，應付隨時待命的工作環境。

自我照護並非自私

　　奧莉薇亞是一位非常盡責的婦產科專科醫師，三十出頭，一年前開始在一家大型地區醫院任職。工作時長令人吃力，情緒上的負擔也重，而且人力短缺無法滿足需求。這導致奧莉薇亞被要求去做比正常值勤更多更長的工作。她對這樣的要求都會一口答應，因為她總是把病人和醫院放在第一位，從來不想讓任何人失望。人力輪班的短缺，造成申請充裕的年假變得困難。她在工作進入第二年時經常感到疲倦，

花在自己身上的時間也愈來愈少,如運動、享受真正喜愛的休閒活動,或準備健康餐點等事情。即使當她的身體不在工作時,她的心思仍然被工作所占據。奧莉薇亞既沒有向醫院管理階層提出她的擔憂,也沒有就加班的次數,設定合理且能持續承受的限度。

久而久之,奧莉薇亞的心理健康開始受到影響,工作表現也隨之下降。她犯了幾個中度嚴重性的臨床錯誤,使院方不得不出面處理,而她在康復期間有一段時間無法工作。很明顯地,面對這種情況,有一些系統性的問題勢必要解決,但是也要檢討一些個人的問題。後者攸關個人沒有及早識別出和承認前兆警訊,也不覺得自己可以且應該設定合理的界線。

我們的狀態好壞會影響我們的表現。舉個例子來說明:美國針對醫院醫師進行的研究發現,這些在醫療照護方面身負重責大任的領導者,原本以照顧他人為目標,卻在研究期間的某個時間點,從診斷評量表上顯示:20% 醫生患有憂鬱,74% 醫生患有職業倦怠。更令人擔憂的是,有憂鬱症狀的醫師,在藥劑和處方方面犯下的錯誤,是非憂鬱症醫師的六倍以上❷。這給予我們一個啟示:如果我們肩負重任,而他人屬於我們的照顧範圍之內,那麼自我照顧對於我們是否能夠有效執行職務是不可或缺的。

正如蓋伊和奧莉薇亞的故事所說明的，許多人包括領導者，都把「自我保健」對他們自己和組織的重要性推至邊緣，好像在某種程度上，自我保健會分散領導者和工作者的注意力，或與他們的主要職責背道而馳。因此，我們必須將有覺察能力的自我照護，與一般會被混淆的事物區分開來，例如自我放縱或自私自利，這些完全是兩回事。自我照顧是一種「需求」，關係到我們必要做的準備，好讓我們能夠以快樂、持續且有效的方式運作。如醫院醫師的研究所闡明的，假如我們的身體不健康，就無法有效或安全地執行工作。反過來，自我放縱和自私自利牽涉到的是，去做一些可能會讓人感到愉悅，卻對我們自身的福祉非必要的事情，其目的也不是要提升自身狀態去幫助他人。自我放縱和自私自利是將自己的「慾望」擺第一，而犧牲支持生存的種種需求。

　　超載溝通、超速運轉、龐大工作量的文化，令人幾乎沒有喘息的機會，繼而製造出一種令人難以跳脫的漩渦。領導者很容易發現自己陷入這個漩渦，會告訴自己「一旦下一個專案或幾個月過去，事情就一定會安定下來。」當然，這種情況鮮少發生。眼前的緊急優先事項一過，下一個（或幾個！）就會緊接著出現在優先順序的清單上，要走出漩渦可說是非常困難。對於個人非常投入工作（例如身為企

業家)、具有高度驅動力和雄心壯志（例如對自己有很高的期望），或是因為身邊缺乏支援而感到無力駕馭的領導者來說，這是一個很嚴重的問題。許多新的領導者發現，自己正是落入這樣的困境。總而言之，領導我們自己，投資自己的心理健康，就是關鍵。

　　針對事務的輕重緩急，非常適合用一個常見的比喻來做說明：用石頭、小卵石、沙和水裝滿罐子。石頭是我們的主要優先事項，小卵石是次要的優先事項，接著是沙子，以此類推，一直依序到水或其他細枝末節。石頭不只代表主要的工作大事，它們也包括你生活中其他重要的部分，例如親密關係和自我照顧的時間。你得確定首先將石頭放入瓶中，然後小卵石可以塞在石頭周圍，再放入填滿空隙的沙子，最後才倒水。你不會想先把水和沙子放進罐子裡，因為這樣石頭就放不進去了。當我們忙得不可開交時，常常會把注意力放在忙碌的作業和瑣碎的事情上，這使我們很難確保那些石頭都在罐子裡，而且會優先處理它們。事實上，我們可能會忘記我們放的石頭是什麼，甚至忘記了它們的存在！

　　如果你退一步來看看自己的生活，你是否會發現，在生產力和效率的名義下，查看電子郵件和推播通知，填滿著你空下來的每一分鐘，直到無論需不需要，你已經制約了自己無意識地滑手機？這麼做就好像先用沙子和水填滿罐

子。有一個簡單的方法可以檢查這一點,那就是在一天結束時,對自己進行一個「小審計」:一天當中,我關注石頭的時間,與關注沙子和水的時間,兩者相差的比例是多少呢?我們天生就知道什麼對我們重要,什麼對我們不重要。沒有任何人(甚至是我們的伴侶!)能夠告訴我們,什麼才是我們的石頭。然而,最棘手的是,我們如何在日常生活中,保持這些「石頭」的清晰和新鮮,使它們不會被推擠到幕後。

焦點問題 1

問問你自己,我人生中最重要的事情究竟是什麼?

對任何領導者來說,確實思考這樣的問題,並給予所需的答覆時間,可說是一項關鍵技能。暫停一下,從你的角度向後退一步,用安靜卻關心的態度,來看你眼睛所注意到的。如果你對觀察到的結果感到滿意,那麼一切都很好,你可以回到之前的工作上。如果你看到不協調的事物、明顯的壓力、發牢騷的不滿,以及狂熱但漫無目的的行動,那麼請停下來,給自己一點喘息的空間。什麼是你主要的優先事項(石頭),什麼是你次要的優先事項(小卵石)呢?你是否需要從罐子取出任何比較不重要的東西,以挪出一些空間安置真正重要的事物?此外,你是否忽略了自我照護是你主要的優先事項之一呢?為重新把自我照護擺前面,同時關注其他石頭(重大優先事項),你需要做些什麼?

在我們建立了正確態度,明白自我照護並非自私之後,那麼接下來要考慮的顯然就是,我們如何給自己最好的照顧,所以現在讓我們把注意力轉向自我補給。

自我補給

身為一個領導者,你也許會為工作和身邊的人,不停地付出你自己。所以,空出時間來恢復活力是極為重要的事。如果做生意是以運送包裹為主,卻認為定期的貨車維修,以及保持車況良好是一項昂貴的放縱,那就太可笑了。讓貨車暫停送貨、進廠維修看似無利可圖,但這正是保持貨車運作牢靠的必要條件。為什麼我們會關心機械,如貨車,多過關心人呢?

正如第四章所提到的,如果我們不花時間自我補給、復原,自身資源的水井很快就會乾涸,演變成任何人都很難從你身上得到幫助。生活品質是一切的重心,不幸的是,研究顯示:我們愈沉迷於智慧型手機等科技,就愈有可能犧牲其他與健康有關的事物,例如運動或睡眠[3][4][5]。

當我們疲累地在久坐不動的工作環境中時,往往會陷入一個疲勞增加的循環,那就是在閒暇時更不想活動,但實

際上我們需要定期做一些運動來增加體力與活力。體能鍛鍊，尤其是有氧運動，有助於預防憂鬱症，其本身也是一種心理健康的介入措施❻❼。自我補給也代表健康的飲食習慣。當我們感到有壓力時，通常會選擇療癒的食物，而不是健康的食物。這雖然會立即產生撫慰心情的舒適感，但隨後卻會對能量和情緒，造成反向的負面影響。健康的飲食，對於心理健康的預防和治療也很重要❽。

此外，我們也可能正在犧牲睡眠，或者已進入不規律的睡眠模式，尤其是當我們在睡前和夜間使用智慧型手機等裝置。失眠的情況有損於我們的專注力和表現，同時是罹患憂鬱症的顯著風險因素。睡眠品質不佳和壓力，可能會因為選擇過量飲酒，或使用其他藥物來做自我治療而變得更加嚴重。我們可能抽不出時間與朋友或家人聯絡感情，還有進行社交活動。最後，我們可能不會空出時間，去享受那些能夠帶來身心健康、啟發或活力的休閒活動，包括靜坐、創作或社區活動。你或許可以想到其他能夠提升健康幸福的活動。

問題是，光做會消耗體力的事情，而忽略能補充能量的活動，很快就會帶領我們的身心落入不健康的負面螺旋。這些會聚集成一個累加效果——就像我們嘗試在水面上踏水，會增加向下拉扯的重量。

同理而論，一次做出一個健康的改變，然後逐漸增加

另一個改變,就會帶領我們的身心健康螺旋式向上提升。透過照顧我們健康福祉的基本要素,我們得以累積資源,讓自己更有能力去應付,身為領導者必須面對的注意力需求。用踏水的比喻來說,就像是沉下砝碼,同時抓住能給我們浮力的東西。在心理學中,這被稱為管理壓力的「資源保護理論」,就解析人類內在韌性方面,這是研究最透徹、應用最廣泛的方法之一❾。藉由辨識我們自己健康福祉的核心要素,我們可以擴充自己的資源儲備,進而具備更靈活的技能,去處理與領導力相關的複雜人際互動。

實作試驗1　抽空進行自我照護

首先為自己前一週的整體表現評分(滿分 10 分):精力、情緒、投入度和熱情。現在,這個實作是讓你反思四個與幸福相關的優先事項,這些對你來說很重要,但需要下點功夫。在你的腦海中,釐清這四個優先事項是什麼,然後分別為每個事項寫下相關的 SMART 目標:明確的(Specific)、可衡量(Measurable)、可以實現(Achievable)、有關聯性(Relevant)、有時間性(Time-bound)。將目標按最簡單到最困難的順序排列,並與自己訂立契約,在接下來的四個星期,為每星期訂立一個新目標,從最簡單的開始著手。

這些目標不一定非是重大或艱鉅的,只要能讓你朝著更健康的方向邁進就行了。從第一週落實你的第一個目標開始,每經過一週就帶入下一個目標,同時繼續力行前一週的目標,如此一來在四週結束時,你已經建立並持續維持四個健康加分的行為。一開始,你可能會發現,告訴其他人——如伴侶或健康專家,有助於達成你的目標,這會使你更有責任感。在第四週結束時,重新檢視你在精力、情緒、投入度和熱情方面的整體評分,看看你注意到哪些差異。

功能儲備:置身危機之外的藝術

有許多商業原則已被運用在現代醫學中,並創造良好的效果,其目的是改善照護品質和減少臨床錯誤。不過,與健康有關的醫學,也有一些原則適用於商業和工作場所,其中一項就是「功能儲備」。

功能儲備是一個醫學術語,指的是細胞組織或器官在運作基礎生理功能,與在需求較高的情況下增加功能的潛

力,在這兩者之間的儲備量。

　　舉例來說,如果一個人因為急性疾病而失去 10% 的腎臟功能,這對他的健康將不會有任何實質的影響。從腎臟的角度來看,它們根本不會知道,因為腎臟功能的儲備量綽綽有餘,可以應付這點小事。如果這個人因為受傷或罹患癌症而失去一個腎臟,也就是腎臟功能衰退 50%,對其健康仍不會有明顯的影響,因為剩餘的腎臟仍有足夠的能力,執行所有必要的腎臟機能。但是,如果剩餘的腎臟也失去了一半的功能,也就是說,原本的腎臟功能只剩下 25%,那麼血液檢驗可能會顯示出變化,而且患者可能開始出現一些症狀,因為剩餘的 25% 不足以完全執行腎臟必須做的所有事情。到了這個階段,血液中會出現可測量的變化,身體也會出現症狀,而患者也能感覺到自己不是處於最佳的健康狀態。這時候,一個急性病若導致腎臟功能再下降 10%,就能輕易讓系統暫時陷入危機。如果此人永久性地失去這個 10%,以至於僅剩下 15% 的腎臟功能,那麼他就會面臨腎衰竭,需要大量的醫療介入才能繼續活下去。

　　這裡所傳達的啟示是:大自然具有無限智慧,通常對人類都非常慷慨。在正常情況下,腎臟和所有其他的身體器官,都有充足的儲備,讓我們可以健康地運作,並對挑戰有應變能力。

你也許對腎臟生理學感興趣,或一點都沒興趣,而且可能在猜想:這究竟跟領導工作和幸福有什麼關係?好吧,讓我們來思考功能儲備的原則,並從生活和工作的層面切入。產能過剩就是浪費,因此必須將產能減至最低,才能達到最佳效率,這已經成為一種根深蒂固的想法。先進科技大幅引領著人的發展,填滿每一分鐘的時間,極端地削減「利潤」。表面上看來,這樣做既有效率又有利可圖,但是如果讓個人或職場永遠處於危機邊緣,這可能就不是什麼好政策了。我們或許不需要像腎臟一樣,擁有 75% 的功能儲備,但是我們可能需要遠遠超過僅允許留給自己的 1%。

打個比方,站在個人立場來看,如果你把日曆上空餘的每一分鐘都排得滿滿的,那麼當意外狀況發生時,你就沒有任何功能儲備可以使用了。突然間,你之前規劃的工作流程和截止日期完全被打亂,使所有事情變得緊張,也可能變得混亂;同樣地,如果你的工作方式,總是讓能量消耗貼近飽和,那麼一旦碰到要求增加、需要踩油門時,你可以運用的能量儲備就很少。突然間,你會覺得筋疲力盡、不知所措,想要逃跑躲藏起來;再者,如果每個工作天,你動用的情緒儲備都趨近極限,那麼當你回到家時,也許會感到心有餘而力不足。如果你的伴侶或孩子向你提出一個問題,或者要求你給予一些時間和關注,你會突然覺得難以承受,要不

就是發飆、動怒,要不就是想退縮到酒瓶裡或電視前。

　　在財務上,如果你背負的債務之大,使生活僅是過得去的地步,那麼當情況發生變化時,可用的儲備就寥寥無幾了。若利率突然上漲,或者你的薪水或工時被削減,那麼你會發現自己就站在財務危機的邊緣。如果你正在經歷類似的狀況,很可能是因為你在生活、工作或財務規劃的方式上,只留存了極少的功能儲備,或者完全沒有。於是,只要一點點衝擊,就能把你推進危機狀態。雖然還有很多其他情況可以舉例,不過你會從壓力程度、行為和相關症狀的起伏,注意到自己儲備的匱乏。

　　身為領導者,你在所監督的系統和工作實務中,預留了多少功能儲備呢?舉例來說,如果你設定的截止期限,必須讓每個人承受壓力,而且每件事都必須毫無差池地按計畫進行,那麼到頭來,很可能每個人都會倉促行事,意料之外的事情難免會發生,而最後的成果也會不盡人意。航空公司航班表的緩衝空間極小,因此只需要一個相對較小的衝擊,比如一架飛機因某個頗為輕微的原因而延遲,整個系統就會陷入危機,並產生一連串波及廣泛又深遠的連鎖反應,直到第二天重新設定,系統才會跟上。企業經營方面,利潤率是否已被蠶食至極,只需小小一個突如其來的挑戰,就能讓企業虧本?若假設利率這類的因素,將繼續如預期般增長,那

麼企業的成長與債務數目,是否已經達到了其償債能力的極限?

想想看,COVID-19 全球疫情之後,有多少企業因為利率和通貨膨脹率上升的影響而倒閉。企業僱用了多少員工,來完成一定程度的工作分量?只是勉強夠用而已?如果是這樣的話,那麼我們可能會發現,在面臨挑戰或需求增加時,會迎來曠職、士氣動機降低和辭職等結果,接著整個系統就陷入危機。然後,大量的時間和精力就會花在替補人手不足上,而企業也必須訓練新人來取代空缺。

同樣地,我們還可以舉出許多其他的例子,但是處理這些主要由自己造成的危機,以及由此產生的錯誤,所耗費的精力和緊張,將遠遠超過在時間表、預算和工作團隊中,因多預留一點餘裕所造成的「表面損失」。缺少適量功能儲備的工作模式,是一種錯誤的經濟觀念,這是一個無論公司規模大小,都不斷在重複的錯誤。

功能儲備不是浪費,它是健康、韌性和應對挑戰能力的基礎。另一個要考慮的因素是,當我們不斷擠壓自己的時間和精力,讓我們的頭腦焦躁不安、憂心忡忡時,就會有損專注力、創造力和決策力⑩。這表示,由於注意力渙散和認知疲勞,錯誤會增加,而創新、品質和水準則會大打折扣。避免爆滿或雜亂無章的日程或環境,本身也反映出頭腦較少

的混亂。有證據顯示，這樣做可以使決策和行動更加明確，並落實從上而下的高層控制力❶。

你也許不需要像腎臟一樣，多預留 75% 的功能儲備量，然而無論是個人或組織，在系統中納入比目前多一些的儲備，很可能會減少你的後顧之憂。你不僅可以省掉許多力氣和壓力，還可以擺脫頻繁進出危機的重複循環。

> **焦點問題 2**
> **你為人生累積了多少功能儲備？**
>
> 真相可能會表現在：你的行事曆有多少留白，有多少時候你覺得自己的能量儲備瀕臨界點，你感覺到的情緒消耗有多嚴重，或是你覺得自己的財務有多拮据。經常處於這種狀態，對你的心智、情緒和身體有什麼影響？它對你有好處嗎？你是否可以增加功能儲備，例如在行事曆上安排更多留白，以備不時之需呢？你能減少匆忙，並節省更多的體力和情緒能量嗎？在做財務決策時，你能否做到即使財務或工作狀況發生變化，也只扛起自己可以舒坦應付的債務？在自我充電和休閒時間方面，除了目前你允許自己享有的最低限度之外，是否有需要增加更多？

實作試驗 2 擴充你的功能儲備

在做這樣的反思練習之前,採用正念練習來幫助你安定和專注,可能會使你感覺大有幫助。當你安定下來之後,根據你對上述問題的反思,為生活中需要增加更多功能儲備的領域,排列出優先順序。估計目前這些領域各有多少儲備,然後擬定新的、比較持續可行的功能儲備水準。制定一個計畫,標明你何時及如何去實行這些改變。實施之後,分別觀察一週後和一個月後的成效如何。

你可以藉由減少工作量和負責事項來增加功能儲備,這有點像從過滿的水壩中排放一些水,讓它仍有能力應付萬一突然襲來的洪水。另一個選擇是:你可以透過提升滿足需求的能力,來增加功能儲備,這就有點像是透過加長壩壁,來增加水壩的儲水量。這不僅代表在乾旱時期有更多的儲備用水,也表示突發的洪水不會對壩壁施壓而導致破裂。提升能力並非光靠更努力地工作,這可不是憑更多腎上腺素就能解決的問題。正如我們思考過的,壓力只能將績效提高到一定的程度,但之後健康和績效都會開始走下坡。提升能力大多與更聰明的工作方法有關——更高的效率、更有利的優先

順序、更好的專注力、更少的分心，以較少的能源創造更多的產出。以正念為基礎的技巧，在這方面可以提供很大的幫助，但同時，我們也不應該忽略那些耗盡我們儲備、需要解決的隱藏態度和系統性問題。

隨時待命的文化

隨時待命的工作文化，確實會對領導者本身造成影響。這是一個很大的問題，而且隨著企業組織對壓力、工作倦怠和心理不健康等問題更加重視，隨時待命的困擾也逐漸獲得認同。領導者當然會或必須專注處理這些問題。勤業眾信聯合會計師事務所（Deloitte）的一項調查發現，近 70% 的高階主管正考慮離開目前的工作，轉到更關心員工福祉的職場，而 57% 的非管理階層員工，也因為類似的原因想要離職[12]。

如我們先前所討論的其他問題，有愈來愈多的科學研究在探討，隨時待命的工作模式和科技依賴行為，對領導者心理健康和福祉的影響。其中一個很大的焦點是，工作中使用科技對於人們工作生活平衡的影響。每天晚上以及白天，都安排放鬆的空檔，對於減少認知負荷與保持活力極為重

要。在這些休息空檔，我們通常會從事工作以外的差事（例如：家務、照顧小孩、運動、社交、或做一些有創意的活動）。為了充分獲得休息空檔帶來的益處，我們不僅需要具體地放下工作（例如：離開辦公室），也要在精神層面放下工作。很多時候，你的身體雖然在家裡，但是心神卻還黏著工作。這時刻就是試煉真正的開始。

透過行動裝置的持續連線，使得這些零星的空檔很難真的成為休息時間。我們可能身在餐廳、健身房或外出散步，可是無時無刻在運轉的行動裝置，使我們的思緒經常與工作綁在一起，一直被它占據。一項研究訪查了知識專業人員，以了解科技所帶來的靈活性[13]。令人驚訝的是，這些研究人員發現了他們所稱為的「自主性悖論」：雖然持續的工作連線，讓人認為自己有更大的自主性和彈性，可以在適合自己的時間和地點工作，但是實際上卻產生了相反的效果。專業人員表達感覺到愈來愈多的束縛和控制，而逐漸變大的社群壓力，逼得人們必須隨時快速回應工作問題，因為這已成為整個企業的行事準則。起初讓人們可以隨時隨地回覆，表面上象徵自由的吸引力，很快地演變成了專制，期待每個人不管何時何地都要回應。

目前已有大量研究顯示，這種生活和工作方式，對我們的生存能力有害無益。據研究描述，專業人員在晚上使用

智慧型手機工作，會對他們的睡眠品質造成負面的影響，並且降低隔天的工作投入度[14]。最近一項針對荷蘭員工的研究發現，人們在下班後使用與工作相關的行動裝置，容易引發更大的工作與家庭衝突[15]。在另一項研究，則追蹤美國人力資源專業人員六個工作天的現況，發現科技方面的要求（特別是電子郵件的收發）形成更大的工作壓力，並且助燃工作與家庭之間的衝突[16]。這種效應在自我調節能力（即能夠調節對情境的反應和持續專注於有價值的任務）長期較低的人身上，更是劇烈。

如此看來，這種無法關機離線的狀態，不僅會傷害我們自己的心理健康和充電能力，也會傷害我們最親密、最重要的人際關係[17]。正如我們前面討論過的，對大多數的人而言，這些所謂「放鬆時間」的活動，是非常重要且應該受到重視的（例如：花時間陪伴孩子和伴侶、親近大自然、做運動等等）。如果我們在參與這些活動時沒有投入全副精神，就會在不知不覺中，犧牲掉我們的石頭，而被沙子和水取而代之。

在居家辦公的世界維持「平衡與幸福」

近來，工作形式最大的轉變之一，就是由 COVID-19 全球疫情引發的一種快速變遷——居家辦公（work from home，簡稱 WFH）。如果居家辦公執行得妥當，它可以提升我們的幸福感，但是如果執行不當則會產生反效果。儘管人們樂於接受居家辦公帶來的便利性和減去通勤的麻煩，但像是把家裡變成隨時待命的工作場所這樣的缺點，顯現出工作有可能會以前所未見的方式，影響我們的個人生活。

在 COVID-19 的封城期間，我們一般幾乎沒有其他事情可做，所以就想：「何不再檢查一次電子郵件！」我們的一舉一動經常與科技融為一體，即使是不需要的時候，也不讓它離手。結果，對許多人來說，居家辦公代表工作時間更長而不是更短，還會發現自己難以關機離線，尤其是當你不具備高度的心理抽離（即一種可以放下的能力），或有其他緊迫的事情，需要你花時間和精力去處理，導致工作一直被打斷（例如孩子、社交承諾、運動等）。現在，COVID-19 的封城日子已成為過去式，但許多無益的習慣和工作方法仍是進行式。我們隨時待命的型態前所未有，而且影響個人的許多層面。我們的家庭生活會影響工作，而工作又會影響個人生活。

COVID-19 激發了一些有關居家辦公的重要研究，深入探討其衝擊力。一項研究發現，對於擔任領導和管理職務的人來說，透過數位平台進行更多協作會引起科技壓力，這是因為相較於面對面的溝通，在線上與員工有效地連結交流，需要承受更繁複的認知負荷。結果是導致心理壓力和科技疲勞增加、幸福感下降。不過，有居家辦公經驗的人，卻相對容易跨越科技壓力，這也許是因為他們已經設定了合理的界限[19]。另一項研究發現，居家辦公導致身心健康下滑的相關因素有：少量運動、不健康的飲食、與同事缺乏有意義的溝通、協調家中的孩子及在家自學的狀況、工作時不可控制的干擾、已調整卻時而缺乏結構性的工作時間、糟糕的工作站配置，以及對室內工作空間環境的不滿[19]。

有關家庭－工作互相衝突影響的研究，還有其他有趣的發現[20]。一項研究指出，員工的家庭－工作衝突和社會孤立的情況，與較低的生產力和工作投入度有關，但也涉及較高的自我領導和自主性。另一研究探討了居家辦公環境中，三種「紓壓劑」對於員工的心理健康（以壓力和快樂程度來衡量）、生產力和投入度的影響。這裡所指的紓壓劑就是：公司的支持、主管對員工的信任，以及工作與生活的平衡。三種紓壓劑當中，工作與生活平衡是唯一能夠顯著改善心理健康的方法，而幸福感則能提高生產力。研究人員的結論

是:「……研究結果提供了證據,證明當同事在家工作時,管理階層若負責維持好健康的工作生活平衡,對支持同事們的心理健康是一大助力,更進一步支撐他們的工作生產力。㉑」

以上種種都表明,當工作與個人生活變得混淆不清,居家辦公可能會損害我們的身心健康。反過來,假如執行妥善,將能夠使個人的幸福與均衡生活受惠。我們可以藉由一些策略,來維持平衡的居家辦公步調,其中包括如何安排在家的時間及設定界線。在建立這些居家辦公的實踐時,我們需要一定程度的自律。比如,就像在工作場所一樣,安排休息時間及合理的上下班時間。然後積極分配你自通勤節省下來的時間,用來安排促進身心健康、補充體力的活動。為工作和個人生活打造個別的環境,比如,有一個工作空間或辦公室,當你完成工作時,請離開那個角落並關上門。

如果你能給自己五分鐘或十分鐘的正念冥想休息時間,或者到室外散散步、呼吸新鮮空氣,讓自己在精神上暫離工作,也讓身體離開居家辦公室,這麼一來上述的所有事情就會變得更容易。一項針對 46 個組織中不同員工的調查發現,雖然心理抽離、睡眠、壓力、社會支援、工作與生活平衡、生產力會因為居家辦公而下降,但是心理抽離對壓力和睡眠有正面的影響,轉而支持生產力。此外,社會支援對參與者維持工作與生活平衡,具有顯著的幫助㉒。所以,請

務必將你現在手中多出來的時間,多多花在與你生命中重要的人相處。我們將在下面的實作試驗3中,更全面地探討這些問題。

實作試驗3

環視一下你的居家生活。行動裝置的使用(包含工作用的)對你的居家生活有何影響?它打亂了哪些主要的關係或活動?請嘗試在以下三個家庭裝置干擾的領域中,選擇一個進行實驗:

❶ 三餐

行動裝置／螢幕在你家的用餐時間,扮演著什麼樣的角色?這對你與家人、伴侶或室友的情感連結及分享互動等品質,造成哪些影響?嘗試一整個星期,承諾自己在用餐時,不使用任何行動裝置。將你的身心完全與嘴裡的食物接軌,將你的身心完全與共同用餐的人連結。觀察這個行為所帶來的變化。

❷ 休息時間

在休息期間,你花幾個小時盯著螢幕看?嘗試一整個星期,利用有觸感的實體物品,替代看螢幕的時間。試試開始接觸新的嗜好,例如繪畫、體育或音樂,另外也可以是簡單

的輕鬆散步，或閱讀一本真實（即紙本印刷）的書。觀察一週後的變化。

❸ 睡眠

嘗試一整個星期，承諾自己在睡前一小時內不查看行動裝置，而且在睡覺時將行動裝置放在手搆不到的地方。為了讓這項任務更輕鬆，請選擇較健康的替代品。舉例來說，你可以輕鬆散步（這也有助於睡前消化）、聽音樂（但如果是透過智慧型手機聽音樂，就會有滑動社群媒體的風險），或是閱讀一本你真正感興趣、會投入的書籍（這讓你得到行動裝置能提供的一些報償和滿足感，但不會產生損害睡眠的副作用）。

循序漸進地進行這三個領域的實驗，各執行一個星期。記下個別實驗所帶來的變化，如果你發現有用的效果，就繼續做下去。

被擾亂的領導者

除了這些對工作與生活平衡的影響，工作上科技使用的重度依賴，也會導致更立即的衝擊。許多研究都探討過的一個問題，就是所謂的「工作中斷」，意思是複雜任務的流程被打斷。這些干擾可能包括，某位同事突然跑到你的辦公室來問問題，打斷了你專心處理一件重要事項的流程。當然，更常見的情況是，透過協作平台 APP 收到電子郵件或訊息；如果我們一直開啟通知功能，螢幕上就會彈出這些動態通知，然後促使我們不自覺地強迫自己做出反應。結果導致我們無法停留在原先的工作流程中，反而跳到新的任務上，直到另一個任務出現，然後再跳到另一個，再跳到另外一個，直到瀏覽器上有許多打開的分頁，還有許多做了一半的作業。

有些研究已經開始探討，這些微小干擾對我們工作表現、滿意度和投入度的影響。一項研究發現，當作業環節被文字訊息的通知打擾時，即使沒有回應，出錯率也會增加 28%。[23] 想想這種錯誤可能釀成的後果，尤其是在可能發生損失慘重的職位，如駕駛、空中交通管制和醫療保健。

另一項研究發現，每次中斷平均會導致 64 秒的生產力損失，將中斷的頻率加以計算後，一週工作下來，共會損

失 8.5 小時的生產力[24]。這可是相當於每週損失超過一個完整的工作天！另一項研究則追蹤了美國員工三週的工作情況，觀察他們受到干擾的頻率，以及這如何影響他們的工作滿意度[25]。研究人員觀察到，隨著時間過去，這些中斷會損耗員工的精神能量和活力，從而降低他們對工作的滿意度。有趣的是，這項研究同時揭示，這些工作中斷會增加「歸屬感」，因為工作中斷通常連帶著偶然的社交互動。然而，這項研究的整體結論是工作滿意度每況愈下。

雖然這些挑戰絕對不是新的，但我們不認為它們會很快消失、成為過去式。事實正好相反，以科技為媒介的合作方式，對這些重要領導領域的影響持續擴大，衝擊愈加嚴重複雜。當有愈來愈多的人工智慧，嵌入工作辦法、團隊協作、商品服務的交付方式時，情況尤其如此。各種組織在接觸和引進新科技時，有一點可惜的就是，往往在新科技的優點尚未得到證實、負面影響尚未釐清之前，就被普遍熱烈地採用了。我們不能期望製造和行銷這些科技的人們，會主動衡量其中的缺點，更不用提會有什麼興趣去著墨了，因為這麼做只會讓產品賣不出去。我們有必要採取更謹慎、質疑詢問的態度，並豎起耳朵、睜大眼睛，聆聽研究和個人經驗所提供的考證。

實作試驗 4

　　從干擾和分心的角度,來思考如何安排你的工作空間。你開啟了哪些自動提示,並考慮可以關掉哪些部分(例如新電子郵件、Slack 和 Teams 的最新動態、其他通訊平台,以及手機上的類似提示)。試著一整個星期關閉這些干擾型的科技功能,並評估有何影響。同時,思考一下你如何安排工作流程。你可以將時間「切塊」或「間隔化」,為一天規劃出特定的時間區塊,來檢查和回覆訊息(例如上午十點、下午二點和四點),每次為時三十分鐘。撥出其他不中斷的時間區塊來進行「深度工作」,也就是那些需要更高專注力和更長時間的複雜規劃、創意或寫作活動。一天的清晨,當心智仍相對清新時,是進行深度工作的好時機。這一週結束時,從精力、專注力、心理平衡、生產力等面向,評估你的種種感受。

社群媒體並非總是那麼友善

如今,許多人認為社群媒體是個人生活中不可或缺的,也是有效經營商業的必要條件。如果使用得當,它當然有很大的用處;但是如果使用不當,則可能造成許多問題,包括損害我們的健康安樂。科技和社群媒體會以各種方式影響我們,進而間接地影響我們看待他人,以及與他人互動的方式;還可能會扭曲我們對自己的看法。

社群媒體含著一個有趣的影響是,它似乎加強了個人對自我的關注。社群媒體有太多的重點都放在「我」、我的「自我形象」、別人如何看待「我」,或是我們希望別人如何看待「我」。這對心理健康造成很大的負面影響。

一項研究發現,使用社群媒體最多的年輕人,與使用社群媒體最少的年輕人相比,罹患憂鬱症的風險提高了三倍㊱。其他多項研究發現,一個人使用視覺形式的社群媒體愈多,就愈傾向於自戀㊲。使用者的心思總是不停地把焦點放在社會比較,以及「我」、「我被注意到了嗎?」、「人們怎麼看我?」、「人們有想到我嗎?」這對我們自己和我們的自尊都沒有什麼好處。正如一篇有憑有據的評論所指出的:「……當社群網站被用來建立有意義的社交關係時,它會讓使用者受益;反之,則會透過隔離和社會比較等隱患傷害使

用者㉔。不幸的是，社群媒體傾向於培養的人性特徵卻是：自我迷戀、固執己見、內團體（in-group）／外團體（out-group）*和激烈反彈。使用者的心智逐漸不知不覺地，被錯誤的資訊和別人決定的演算法所塑型。藉著這種虛擬方式與人互動來消磨時間，這象徵著，我們找不到時間用更直接、更人性化的方式與他人互動。

在領導者身上，這些影響又是如何顯現的呢？最根本的問題是，我們幾乎不了解這些影響。人們需要進行更多的研究，才能進一步了解社群網站的世界，在何時、用何種形式對領導者造成影響，左右他們在自己所領導的人和更廣泛的社團組織面前，展現和投射自己的方式。當然，有一些能輕易吸引大家注意的例子，比如川普（Donald Trump）、伊隆・馬斯克（Elon Musk）、貝佐斯（Jeff Bezos）。

但是，對於非大卡司形象的「日常」領導者，又是怎麼一回事呢？在這個超級網路化的世界裡，身為領導者總是會受到誘惑，讓自己在社群媒體上愈走愈孤立無援，因為一舉一動都會引起注意。領導者在這方面需要小心謹慎，無論是利用社群媒體來宣傳機構的工作，分享他們對議題的想法，還是與他們的社群圈子保持聯絡。不過，領導者也必須明智地使用社群媒體並時刻意識到：如果你在錯的時機步入錯的

---

* 譯註：在社會學與社會心理學中，內團體指個體認為自己是其一員的社會群體，類似概念如「小圈子」或「自己人」；外團體指個人所屬內團體以外的其他社會群體。一般來說會有「護內排外」的心態產生。

情境,你的專業身分可能會很容易且很快地被四分五裂。

領導者之道:平衡

平衡是健康和良好運作的一個關鍵層面。由於我們所使用的許多資訊科技,都會讓人上癮、無處不在、且會霸占注意力,因此除非我們成為科技的主人而不是它的僕人,否則很難找到平衡。平衡不僅適用於我們對科技的使用,也適用於其他的生活層面,在與健康幸福相關的面向找到恰當的平衡,例如生活方式、人際關係和休閒時間。

自我覺察能力高,隨時做自己主人的領導者,也能成為身邊人正向的影響力。研究顯示,領導者只要憑著多一點的正念,不僅自己的狀態會更平衡,也能影響團隊展現出更好的工作與生活平衡㉟。不能做自己主人的領導者,就很容易跟著周遭因素而打轉,不論那是有意識或無意識的,也不論那些影響是否有用或健康,這不是我們想在職場上開創的先例。

在心理研究上,有一個與較好的情緒健康相關的因素一再被提及,那就是心理抽離。在接受與承諾治療(Acceptance and Commitment Theory, ACT)中,有時被稱為

「脫鉤」（defusion）。當我們在心理上依附某樣東西時，例如某個意見、慾望或珍貴的所有物，縱使必須捨掉，我們也無法放手。我們與這項依戀「融合」在一起，而且都體驗過這對心靈、情緒、言語和行為造成的影響。

　　依附的心理將我們的注意力黏著和固定在依附物身上，讓我們更難參與周遭正在發生的其他事情。你可能曾注意到，在半夜時分，與工作有關的念頭和顧慮會進入你的意識領域，而且你似乎無法忽略它們。我們需要運用覺察能力和努力，來使自身脫鉤、有能力放下、「反融合」。一旦我們能培養這種能力，例如透過定期的靜坐練習，就能讓我們處於有利的位置。心理抽離讓我們更容易在需要的時候開機，但更重要的是，讓我們在需要的時候關掉工作。如此一來，享有工作與生活的平衡就變得輕鬆多了。

以下是幾項其他的個人實踐和指導方針建議，將有助於促進個人與職場的平衡。

🚀 三項個人實踐

實踐1 定期撥出時間做自我修復

在生活中選擇幾件關鍵的事物，幫助你補充活力、激發靈感、為你的電池充電，或賦予生命更崇高的意義。這些事物可以是與家人或朋友聯絡感情，鍛鍊身體、靜坐、走進大自然，追求創作活動或生活的心靈／哲學層面。重點是，確保你固定抽出時間來做這些事情。如果有必要，請將它寫在行事曆或日記中，但要確保這些事情也排在你每天、每週和每年的優先執行專案計畫之中。

實踐2 為人生保留足夠的功能儲備

讓這個實踐成為你安排工作和個人生活的一部分。比方說，在你的行事曆或日記中保留一些空白區塊，以預備在任何一天發生意料之外的事情時，你可以有一些餘裕來處理。

旅行時，預留充裕的時間以減少匆忙。如果行程比預期的慢，你就不會焦慮；如果你早一點抵達，就有時間享受當下、欣賞美景、適應安頓，讓自己在精神上有足夠的空檔，來迎接接下來的行程。假如你有一個專案，就不要把截止日期壓縮得太緊，反而要擬定寬裕的時間，讓你有應急措施來應對突發狀況。你可能會在截止日期前完成作業，然後利用多餘的時間，在交件前進行完善、修正或潤飾。避免假設財務狀況會維持現狀，而將你的資金或債務金額用到極限，因為實際狀況時刻會變。這樣一來，如果情況出乎意料地走下坡，你就不會承受過大的壓力；反之如果情況比預期的更好，你就有額外的金錢可以享用。

實踐3　先把石頭放進去

請回顧你對焦點問題 1——有關你人生優先順序的回答。什麼是你生命中最重要的優先事項（石頭），什麼是次要的優先事項（小卵石）？不用擔心其他要忙的工作，以及比較次要的事情（沙和水），因為它們可以待在石頭和小卵石的周圍。

現在，坐下來反思一下，你是否已為石頭騰出空間，如果沒有，你將如何為它們騰出空間。如果需要，你可以在心理上清空罐子，然後以開放的心態重新開始。你要如何確保，那些對你而言最重要的事物，在你生命中占有適當的位置呢？接下來，考慮哪些是小卵石或較次要的事物。你可以或需要為其中多少顆卵石騰出空間呢？也許不是所有你想要的東西都能裝進罐子裡，所以請決定什麼對現在的你（以及你生命中其他重要的人）最重要，其他的留待改天，或在生命的另一個階段再決定。

你或許會想把這些想法清楚地描寫在紙上。慢慢來，書寫完後，請放個一到兩天的時間，再拿起來看一遍。你是否需要為任何變化或進一步的考量，預留多一點的空間？在你對自己的想法感到滿意後，請採取步驟實踐你所寫的內容。或許你不需要做太多的改變，因為你已經把石頭放進去了，又或者，你需要做一些改變。順其自然吧，萬事起頭難，但是如果你能把生活的根本基礎打穩，長遠來說，你會活出更美好的人生。請避免將這類型的實踐，變成一個倉促的反思過程。在你感到心平氣和、寧靜、有空間的時候來進行為宜。

🚀 三項指導方針建議

建議1 確保健康幸福是職場的優先考量

如果你是一名領導者,那麼你很可能有能力成為一名推動者或提倡者,確保團隊或組織裡的員工福祉是優先考量之一。職場的福利計畫在時間或金錢上,看來似乎是一種花費,不過,如果與你一起工作之人的快樂和幸福得到了支持,那麼這個投資將換來數倍的回報。此外,你還會獲得一個額外的好處:在更愉快的工作環境裡做事,來上班的每個人都是滿腔熱忱。為推廣員工的健康福祉,選擇引進什麼和介入措施,以及挑選合適的專人來實施,都是非常重要的決定,因此請不要匆忙拍板定案。不要輕易以為,只要把錢砸給主動前來提供服務的人,就能為你創造理想的效果。從你所尊敬的人身上詢求推薦,並索取證據來支持他們的說法,都是很好的第一步。

建議2　將功能儲備當作所有規劃和政策決定的主要考量

對個人如此,對組織亦然。無論是關於人員編制、日程安排、截止日期、財務決定、或其他任何事情,都要保留足夠的空間(功能儲備),以應付意料之外的緊急情況,如此才能提高工作品質,讓自己和組織遠離危機狀態。

建議3　先放石頭

第三章已經仔細談過關於優先順序的內容了,但是同理而論,從健康福祉的角度來看,我們也要讓規劃決策首先排定最主要的優先事項。你向自己提出的反思問題,同樣可以用來詢問組織和高階經理人。組織最重要的優先事項是否受到關注,還是其重要性在瑣碎作業和瞎忙之中被邊緣化了?

總結

　　這些議題的相關研究正在迅速展開，揭露嶄新且重要的見解——從我們如何與科技互動，到這些互動對我們的幸福和領導能力的影響。在本章，我們集中關注的面向，就是從個人角度來看，受科技衝擊最明顯的領域。在探討影響幸福的一些因素之後，比如自我保健、生活方式、大腦的功能儲備和對平衡的需求，希望你能擁有更好的動力和工具，進行生活中必要的健康改變。我們不僅聚焦在問題上，還探討了組織和領導者如何度過這些挑戰：將科技的優勢發揮至極致，但不犧牲我們自己或我們所關心的人。在下一章〈創造持續進展〉當中，我們會總結書中的關鍵資訊和技巧，並為位居領導角色的你，以及你的領導團隊，提供實用的指南，幫助你們建立跨越這些挑戰的能力。

Chapter **6**

創造持續進展

Progress

在總結本書的主要精華的同時，我們邀請你反思一下，自己在我們所討論的關鍵問題和技能上的進展情況。在本章，我們將帶領你行走這個過程，透過兩種不同的視角來進行反思。第一是從領導團隊層面，我們提供一個建議的方法，讓領導者率領其核心高層領導團隊，進行「領導力審計」，促使他們專注於正確的事務。我們引用前幾章所討論的四個Ｐ（目標、優先事項、人、個人）來建構這個程序。我們提供的第二個視角是從個人的層面出發；意思就是，你以一名領導個體來進行反思。為此，我們應用前幾章提及的「領導者之道」，當中所概述的四個核心領導特質：真誠度、覺察能力、開放心態、平衡。我們提供一組與這四大特質相關的問題，供你深入思考，然後確定你將採取的有意義的行動。

隨時待命世界裡的領導團隊能力

幾乎在每一個組織、企業、部門或團隊中，領導者都不是獨立作業的。歷史告訴我們，獨自運作的領導人（例如，迴避衝突性的建議、反對的觀點，或過度執著於關鍵資訊），往往會做出較差的決策並且無法獲得成功。身為領導

者,你不僅要清楚自己在領導方面的優先事項和能力,也要對核心的資深同仁與領導小組,有相同程度的了解。

在本章,我們將提供一個簡單的流程,協助你為自己和核心領導團隊進行審核,好讓你專注於正確的事務上。如同本書的所有內容,我們聚焦在於,領導團隊如何在一個節奏快速、經常分心、資訊飽和的環境中設法發揮領導力——無論你是指揮高階主管團隊的 CEO,率領專案經理團隊的專案主管,或是任何其他常態領導團隊的一員。本章節專為領導團隊而設,儘管他們可能覺得自己表現良好,卻仍在奮力克服超負荷的工作,或可能被多重又互相衝突的優先事項所淹沒。至於那些在複雜的營運環境中,企圖鞏固和釐清做好領導工作所需之能力的領導團隊,此章節也適用。

以下我們提供一個簡單的方法,透過四個步驟幫助你的領導團隊,釐清他們的優勢是什麼,還有哪些領域需要成長。我們建議你與你的領導團隊,一起把這些問題當作「領導力審查」和對話的開場,從而採取行動和措施來解決你們的集體短處,並加強你們的集體長處。根據我們與各種常態領導團隊合作的經驗,我們傾向於用辯證方式來做這項練習;即引領你的團隊使用第四章所舉的辯證練習,來建立共識、找出摩擦點,並針對團隊的優先事項取得明確性和一致性。

領導力「診斷」產業（即調查、定量分析和報告）是一門市值數百萬澳幣的生意。儘管這類的診斷工具有其存在價值，但是我們的經驗是：a）這些工具經常是呈現不必要的複雜度，而且b）即使這些工具操作簡單，它們只在做為辯證式談話的跳板時才能提供洞見。領導團隊和人資專員往往會躲在診斷結果的背後，虛假地認為他們已經清楚團隊的狀況，卻沒有正視細微的差異、動態和可能會扯團隊後腿的潛藏問題。我們一般偏好直接採用辯證法，並相信藉由良好的促進輔助，每個人都投入、誠實但充滿尊重的對話型態，來引導出洞察及優先排序。

我們建議採取四大步驟來進行。當然，若你想做一些不同的設計，可以從以下介紹的內容中挑選一些元素，然後重新編排以符合你的用途。即使稍作更改，我們發現這四個步驟對大多數的領導團隊，仍能發揮有效的作用。以下我們概述的核心內容，以四個「P」為基礎，這些對於領導者和領導者的團隊而言至關重要，即使在不停變遷和改變的時期，仍然具有效用和相關性。這四個P是決定性的要素，指引領導者如何讓團隊和員工，長期專注於正確的軌道上。最重要的是，這些是領導任何組織持續成功的關鍵（並避免在競爭激烈且不確定的環境中被淘汰）。

第一步驟：靶心

首先，我們發現領導團隊經常覺得，仔細測試和檢查這四個P是很有幫助的。換句話說，先簡短討論一下為什麼這四個P對你的團隊很重要，你認為哪一個P最值得投入以及為什麼。在一開始就進行檢查，能確實幫助你在領導團隊中建立參與度，並清楚了解哪些P可能最重要，哪些不太重要。

接下來，你針對領導團隊在每個P方面的表現，進行高層級的稽核。在這個階段，你可以使用下面的靶心圖來展開對話。領導團隊可以自問：「做為一個領導團隊，我們在哪些部分表現良好？我們給自己打多少分，而且廣義上來說，是什麼因素促成這樣的結果？」如果想使這項稽核變得更嚴謹一些，你可以在企業內部針對員工進行快速的匿名民意調查，或是挑選一些員工提供匿名回饋，最後再用靶心圖表做稽核。

圖表：靶心

我們清楚知道，自己的存在是為了滿足哪些需求，以及實現這些需求背後的價值觀。做為一個領導團隊，我們下的決策清晰地反映出我們的宗旨，並合宜地融入我們的團隊／組織中。

我們一貫地專注於正確的策略議題。我們善於後退一步，縱觀全局，但也能在需要快速行動時「把握時機」。做為一個領導團隊，我們以全神貫注、不過度反應以及誠實的態度來進行彼此之間的互動。

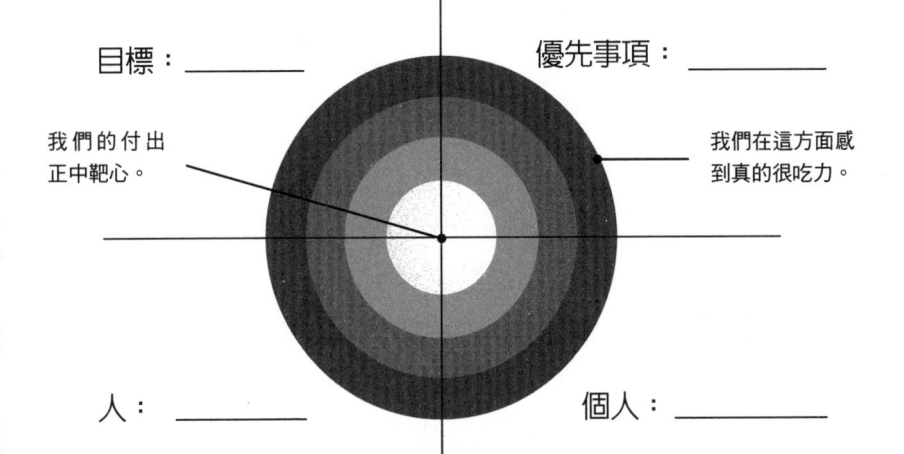

目標：＿＿＿＿

優先事項：＿＿＿＿

我們的付出正中靶心。

我們在這方面感到真的很吃力。

人：＿＿＿＿

個人：＿＿＿＿

做為一個領導團隊，在與彼此及所領導的人交流時，我們身體力行開放的態度、人際誠信與活在當下的「在」。

做為一個領導團隊，我們有適當的「功能儲備」。我們照護自己的健康與復原力，以便能夠在領導崗位持續發揮作用。我們互相照顧，我們在所領導的人群中，樹立自我保健的榜樣。

第二步驟：徹底探究

在利用靶心圖表對你的領導力定位進行簡短、深度的稽核（步驟一）之後，你現在可以深入鑽研所收集到的回饋，並根據我們在前幾章所詳述的問題，來驗證這些回覆。這些問題重複在此段落列出，但做了些微的調整。這裡的重點是，利用這些追加的問題來檢驗最初收集到的回覆（步驟一）。我們發現，步驟二經常會揭露步驟一沒有捕捉到的其他問題。

關於這項練習，我們一般建議，將你的領導團隊分成幾個小組，來檢討每一組的問題。為了集中團隊的注意力，你不妨先為領導團隊找出一、兩個，策略上最具重要性的相關問題。舉例來說，在「目標」方面，你可能已經有組織目標和價值觀，但是如何吸引員工和向他們傳達這些理念則需要努力；又或者，你如何轉化這些目標和價值觀，以符合你特定的業務領域則需要花心思和斟酌。

另外再舉一個例子，在「人」的部分，你的領導團隊可能會認為，組織僱用有認真敬業的員工，但是有一個真正重要的問題是，員工沒有自信提問，或是挑戰假設和決策，因此將牽動到下決策的品質。接下來這就會成為你評估「人」這個範圍的核心。第三個例子，我們從「個人」的

面向切入，你可能認為做為一個領導團隊，在互相支持方面做得很好，但是團隊（也許是更廣泛的組織）中卻存在一種文化，無法給員工足夠的支援，鼓勵他們在遇到困難時站出來、尋求幫助。結果，人們往往無法照顧好自己的個人需求，以致於疲於奔命。這將會是你評估「個人」這個範疇的重點之一。

🚀 目標（Purpose）

- ◆ 我們的存在，是為了服務什麼核心目標或哪些需求呢？
- ◆ 我們是否有明確的宗旨、價值觀和行為準則，來反映這些需求？
- ◆ 我們該如何確保我們的宗旨和價值觀，獲得組織全體的認同和共同承擔？
- ◆ 我們的經營有多少真誠度（即我們所聲明的宗旨，在多大程度上，反映出組織的實際存在理由）？
- ◆ 我們在溝通目標方面的成效如何？
- ◆ 身為領導者，我們體現出來的行為與陳述的目標和價值，達到多少一致性呢？

🚀 優先事項（Priorities）

- ◆ 我們對最重要的策略挑戰有多少了解？

- 在多大程度上,我們可以拿捏對的時間,專注於應該關注的問題(相較於被非策略性的重要問題分散注意力或扯離軌道)?
- 整體而言,我們在向前邁進、規劃和擬定決策(即聚斂性思考),與拆解、梳理和嘗試了解所面臨的問題和優先事項(即擴散性思考)之間,維持多少平衡效益呢?
- 在討論面臨的困難兼重要策略問題時,從反應及時、非反射動作及平衡的角度來評量,我們的表現如何?

🚀 人(People)

- 我們的員工有多投入、有多少動力來為組織效勞?
- 員工對我們的宗旨和價值觀的認同程度如何?
- 在傾聽、試圖了解、與員工溝通等方面,我們做得如何?
- 我們的員工感受到多少安全感與支持,以敢於提出問題、挑戰假設和表達疑慮呢?
- 做為一個組織,我們創造了什麼樣的文化?與同產業的其他組織相比,我們文化的核心特徵及標誌是什麼?
- 我們目前的工作文化與理想有多接近?要建立我們理想中的組織文化,需要關注哪些問題?

🚀 個人（Personal）

◆ 做為一個領導團隊，我們把自己的個人需求照顧得有多好？

◆ 身為領導者和被帶領者，我們互相支持的程度如何？

◆ 當我們陷入困境時，我們自己的內部文化（即團隊之內）會給予多少支持，讓我們與他人一起奮鬥？

你可能想利用這個練習，來發現團隊中存在差異的部分。例如，對於領導團隊應該將其精力集中在哪些方面以及理由，眾人可能抱有分歧的意見。這些差異可以成為非常有成效的洞察力和分析資源，匯集不同的觀點，讓你能更清晰地掌控未來的優先排序。

第三步驟：推動力與抑制力

做為第三步驟，我們建議你接下來解讀關於每個 P 的績效（或在步驟二確認的每個 P 的特定元素），其背後的廣泛驅動因素。在你的領導團隊和更廣泛的組織內和組織外聯盟團隊，有哪些因素可以用來解釋每個 P 所達成的績效？我們建議首先分辨出推動力。這些因素正在幫助你，以一個領導團隊之姿，達到目前在靶心圖上的位置，或者驅動著相對

執行出色的Ｐ值績效。接著,你需要反向思考,找出阻礙領導團隊達到每個Ｐ目標值的因素。

對團隊而言,推動力和抑制力可能更多是源自外部(如產業趨勢、公司政策、或CEO所做的承諾),或者內部(如我們的合作模式、價值觀的實踐和溝通程度、做為領導團隊進行了哪些策略性對話、安排焦點事務的優先順序如何,以及指揮團隊將重點放在哪裡)。

當你進行這項練習時,請評估你所發現的推動力和抑制力,有多少是屬於直接的掌控範圍,有多少是屬於你難以掌控的外部因素。你是否過度自我批判,而低估了你無法控制的外在驅動因素?還是你們在掩飾歸咎於團隊領導力的驅動因素,讓自己看起來比實際上更有效率?一般來說,我們會挑戰領導團隊,為每個Ｐ目標值辨識出一個關鍵的促進因素,及一個關鍵的抑制因素。這個挑戰會迫使你做出一些決定,判斷哪些因素是真正在推動你的領導能力,以及你需要專注投入的部分。

現在,你應該列出了四個Ｐ,每一項Ｐ各有一個推動力和抑制力。做為領導團隊,你的領導能力最多有八個驅動因素。現在,你可能會問自己:「如果我們必須追溯至本質,那麼做為一個領導團隊,在四個Ｐ方面,目前影響績效最重要的三或四個驅動因素,或抑制因素是什麼?有哪三、

四個最重要的因素足以左右最終的差異：使我們在每個Ｐ目標值（或我們認為對自己的組織最重要的Ｐ值）上面擊中靶心，並維持營運水準？」

這是一個很好的機會來進行公開對話，以了解你們做為一個領導團隊，在組織的目標和宗旨方面，以及與你們所領導的眾人之間，自己究竟站在哪個位置。做為一個領導團隊，看待這些驅動因素，你們彼此的協調性和一致性有多好？你們的分歧點是什麼？以優先事項來說，你們如何建立和達成這方面的共識？當你領導團隊的內部，對優先事項的看法分歧時，不妨從其他利害關係人（例如員工）徵求反饋，就領導團隊的績效提供第三方（也可能是更公正的）觀點，並當作是有用的斷路器。

但是，如果無法取得員工的反饋，或者這種反饋不能解決領導團隊之間的意見分歧，這通常是一個重要的跡象，顯示領導團隊內部存在更深層的問題，需要巧妙地加以處理。大部分的時候，團隊會為了「繼續前進」，傾向於掩蓋分歧。然而，這些分歧點代表一個契機，可以揭露領導團隊內更深層的態度、挫折、意圖及觀點，若不加以處理，肯定會以其他不好的方式再次浮現。你大可利用團隊內的這些分歧點，來解析個人（或聯盟）的不同需求、觀點、或意圖，進而為團隊建立明晰度和一致性。這類型的對話可能進行起

來困難,但是如果採用尊重和專業的方式,則有利於領導團隊建立「明晰度」和「一致性」,而這兩項無疑是非常寶貴的資源!

第四步驟:落實行動

這最後一步,濃縮上述的三或四個推動力／抑制力底下,主要的優先行動。你需要採取哪些行動,來強化擅長的領域?你需要採取哪些行動,來扭轉團隊表現不佳的領域?你可以再次將團隊分成小組,然後為每個Ｐ領域規劃出必要採取的行動。過程中,請考慮例行公事是否有類似的行動可以合併,以及根據企業內部既有的類似計畫,篩選哪些可能是多餘的,或者可以納入的計畫。在這個練習結束時,你的領導團隊應該會落實一套明晰、具體的行動,以推進每個Ｐ值目標。在你的領導團隊中,決定每項計畫將由誰領導,並分配各計畫的時間範圍。最後,你要決定每隔多久時間、以何種方式(例如異地活動)再次檢視這些議題,並評估團隊在領導能力方面的進展。

你的個人領導特質

做為第二道反思程序，我們現在提供的指導將引領你，身為領導者，如何根據我們在本書中分享的四個領導特質，清晰地了解自己的強項和弱點所在。正如前幾章闡述的，我們認為這四個特質——真誠度、覺察能力、開放心態、平衡——是任何領導者在資訊密集、超連結的工作環境中維持自我的重要「基石」。為了幫助你在這方面有所進展，我們現在提供一組反思問題集，供你思考並寫下答覆筆記。我們的建議是，先從自我評量開始，看看做為一名領導者，你如何體現這些特質。這種內省會帶你退後一步，從高空俯瞰你如何扮演自己的領導角色，以及這角色如何影響他人。你的雄心、抱負、恐懼、信念和需求，只有你本人最清楚，因此我們建議你從自我反思開始。我們也建議，在進行每項特質相關的問題時，你可以把回答記錄下來。並盡量將你的回答填入一張 A4 紙中（若在裝置上進行練習，則填入同等大小的空間），以保持答案的簡潔。在回答這些問題時，你可以從領導角色的廣泛範圍來思考，而非特定專案或主要利害關係人的角度。

🚀 真誠度

- ◆ 做為領導者，我的前三～四個關鍵價值觀是什麼？站在個人的角度，我的前三～四個關鍵價值觀是什麼？
- ◆ 我的領導力和個人價值觀有多少協調一致？
- ◆ 我在領導角色中，體現出多少個人的價值觀？
- ◆ 在傳達我的價值觀和所重視的事情時，我抱持什麼樣的開放態度？
- ◆ 我可以落實言行一致到什麼程度（而且不會承諾辦不到的事）？

🚀 覺察能力

- ◆ 我能夠將注意力間隔化到什麼程度，好讓自己完全專注於手上的問題？
- ◆ 對我來說，何時在日常工作中加入規律的句點和逗號才有意義？我該如何提醒自己落實這些安排？
- ◆ 我在科技離線（尤其是下班後）方面努力的成效如何？我將如何更有效地做到這一點？

🚀 開放心態

- ◆ 我是否有效地做到：以開放的態度與我最重要的人際關係往來，不僅傾聽他們所說的話，也傾聽他們談話背後的語氣和意圖？

◆ 為了整體利益坦誠發言，以有建設性但明確的方式提出問題和挑戰假設，在這方面我的表現如何？

◆ 面對威脅或壓力的情況時，與其做出衝動的反應，我的應對成效如何？

◆ 面對我的主要利害關係人，我在以裝置為媒介的溝通、與更直接的面對面溝通之間，創造了什麼樣的平衡？我是否拿捏得恰到好處呢？

◆ 我與主要利害關係人的溝通模式，需要做哪些改變？

🚀 平衡

◆ 我的前三～四個核心優先事項是什麼（即石頭、小卵石、沙和水）？依目前安排的順序，其成效如何？

◆ 我是否需要做一些努力，來對這些事項投入更多的精力和關注？

◆ 考慮到我的職業和個人生活，我目前在這兩方面擁有多少程度的功能儲備？

◆ 我是否需要做些改變來加強這些儲備？

◆ 每日、每週、每月及每年有哪些重點活動，使我能夠定期進行自我更新？

◆ 參與這些自我更新活動，所產生的效果如何？我需要做出哪些改變？

在針對這些問題做了一些筆記之後，你現在可以退後一步，全盤考慮你的回應。是否有任何問題，明顯需要你投入更多的關注和努力？你可以採取哪些行動，來幫助自己向前邁進呢？請為自己設定三～四個行動，讓這些能力展現出來，並把這些行動變得 SMART（具體、可衡量、可實現、實際、有時限）。身為領導者，你應該定期檢視並重新評估這四種領導特質，還有追蹤你的進展程度。在附錄中，我們將提供可以搭配這個練習使用的表單。

另一個我們強力推薦的步驟是，向你所領導的團隊或其他主要利害關係人，即那些每天見證你領導力的人們徵求反饋。在你同事眼中，你在多大程度上體現了這四個特質？他們認為你有哪些盲點？你可以將這些問題寄給三或四位同事，讓他們以匿名的方式，用他們對你的觀察，逐一提供簡短的書面回應。在附錄中，我們提供了一組簡短的反思問題，你可以將這些問題寄給同事以索取反饋意見。

做為最後一個步驟，你可能會想把我們提供的問題集，連同你書寫的答案，與一位值得信賴的同事、導師、經理或領導力教練分享。擁有這種測試共鳴板，可以幫助你檢測自己提供的回覆（以及同事提供的任何反饋）。這麼做可以幫助你釐清：問題的所在、驅動你發揮優勢和畫地自限的因素，還有釐清你未來六到十二個月的重點行動。

總結

　　在本章中，我們提供了建議的方法，讓你與自己的高階領導團隊，以及身為領導者的你，都能投身於本書內容的實踐。兩者合起來，提供了兩種截然不同但同樣有價值的「鏡頭」，讓你審視自己的領導績效，以及應該注意的優先事項。儘管現代領導者面臨的挑戰和局勢變化快速，但我們認為本章的練習是協助你持續成功的基礎，而且在很多方面是經得起時間考驗、持續有用的。在下一章，也就是最後一章當中，我們將介紹一些我們認為即將發生或已顯露端倪的問題，這些問題很可能會在未來幾年，衝擊到領導者執行卓越領導工作時的能力。

Chapter 7

眺望地平線

在古希臘神話故事中，宙斯之子珀爾修斯受騙同意殺死梅杜莎；梅杜莎是一個強大而可怕的角色，凡與她眼神交會的人，都會被變成石頭❶。珀爾修斯深知梅杜莎的危險，因此他獲得了幾樣工具來幫助自己完成任務：帶翅膀的涼鞋（使他能夠飛行）、黑帝斯的頭盔（賦予他隱身能力）、用來斬殺梅杜莎的彎刀，以及用來裝梅杜莎頭顱的袋子。最後，智慧女神雅典娜借給珀爾修斯一面附上鏡子的盾牌，用來指引他找到梅杜莎，而不用直視她（那樣他會變成石頭）。珀爾修斯利用他所獲得的寶物，找到梅杜莎並順利將她斬首。

撇開故事中血腥的細節不談，珀爾修斯獲得的輔助工具，就像我們在本書中介紹的各種工具一樣。雖然珀爾修斯是一名技術高超、能幹的戰士，但是他仍然需要額外的工具，甚至是「特殊能力」來完成任務。他無法單打獨鬥，也無法只靠他未經琢磨的天賦，那些工具可以成為保護、抵禦梅杜莎的殺傷力。我們的現代版梅杜莎，就是資訊泛濫和過度躁動。我們在本書中討論的工具，等同於領導者的輔助力量，它們是領導者需要培養的「內在工具」，以回應我們這個時代的挑戰。不過，珀爾修斯的輔助工具不同在於，那些是專門針對他的任務所設計的，而我們提供的工具則是通用的，適合資訊超載影響領導者執行工作的各種情境。

從我們的角度觀察，下列是在資訊超載的環境中，領

導者所面臨的主要挑戰。無論是溝通目標、清晰思考、妥善安排優先事項、領導同仁、或維持自我狀態,隨時待命的工作環境都會影響所有這些核心領導任務。關鍵的問題是:領導者如何管理他們的工作環境,並部署他們的注意力,以達到明晰度及高效益,而不是應接不暇與混亂?在前面的章節中,我們提出需要考慮的重點領域——四個Ｐ——以及可供領導者嘗試的實用方法與工具。現在我們展望未來,考量一些我們認為會在未來幾年、甚至幾十年,影響領導者是否能夠明晰地採取行動的趨勢。

未來挑戰

在此,我們略述未來數年領導者需要掌握的幾個大趨勢。其中有一些是我們在前幾章解析過的挑戰延伸,其他則是前所未見的新變遷,我們無法完全預測其範圍和影響力,但很可能會改變未來人們對優秀領導的定義。然而,有一個共通點是,這些全球超級趨勢將會以新的形式,使資訊超載的情況持續左右各界的領導者。

🚀 混合型工作模式為常態

對於大多數國家的大部分人口來說，COVID-19 全球疫情，從根本上重新設定了人們對於該如何、又該在哪裡完成工作的期待。我們並不認為這種重設會很快回轉，尤其是那些在不影響生產力的情況下，採用遠端和／或混合工作模式的專業和產業。反過來，我們預想混合型工作模式會持續下去。Airbnb、Reddit、Dropbox 和 Atlassian 等公司，以及 SAP、Fujitsu 富士通和 Meta 等全球龍頭企業，都已經公開承諾要為員工提供永久性的遠端工作選項。就我們的理解，這股趨勢將如雪球般愈來愈大，以至於超越科技領域，並延伸到其他如銀行、金融、會計、設計、法律和工程等服務產業。

隨著全球都市的規模愈來愈大，混合型工作模式的安排將大幅提高生產力；這包括減少通勤時間和成本，以及增加員工的福利。此外，相較於過去，混合型工作模式也創造機會，讓企業組織能夠從更大且地理分布更廣的人才庫中招募精英。對屬於人才需求度極高的產業（如數據分析及程式設計）的企業來說，提供彈性高的遠端工作安排，將會持續是公司嘗試用來吸引頂尖人才的差異點。事實上，不提供這樣的安排，在目前或未來潛在員工的眼裡很可能是扣分，從而導致人才流失。因此，領導者將有必要發展和運用相關技

能,來對待採取混合型及遠程工作模式的員工,不僅要激發和維持他們的工作承諾,還要支持他們與同事們及組織之間的連結感。

🚀 兩極化的職場

我們觀察到的另一個趨勢是,兩極化的日益嚴重,這(至少一部分)是由網路世界觸發的結果。儘管網際網路有許多神奇之處,它卻促成了更僵化的迴聲室效應(多元聲音受到壓抑,漸漸只出現同一種聲音),這意味著全球各地的人們因社會、政治和宗教觀點而日漸分化。對內群體的認同愈是強,與外群體發生衝突的可能性就愈大。強烈的信念與觀點不斷受到鞏固和強化,藉由大型科技演算法(某些情況下也包括政府政策)的設計所餵養給人們的資訊,會使他們覺得自己的觀點更合理,繼續各執己見(對於反對聲音更為憤怒)。如此一來,我們更有可能持續消費(並支付費用)我們已經相信的故事情節,而難得有能力去聽到、更不用說去包容不同的意見。

而這些現象都會在職場發生。無論它是顯現為僵化的政治觀點,還是在全世界中表現為兩極化的文化與政治價值觀,人們對社群媒體資訊的依賴,只會進一步擴大這些趨勢。所以說,領導者要迎接的核心挑戰,就是創造一個環

境,讓人們能夠以尊重的態度,就他們關心的議題分享個人的意見及觀點,同時願意並開放地傾聽不同的想法。

在領導跨文化團隊,或團隊內部有來自不同政治體系(比如美國和中國)的成員時,也適合實施類似的方案。這些領導者的任務是,挑戰自己和團隊去傾聽的能力、跨越鴻溝,即使不同意他人的觀點,至少也能欣賞和理解他人的視角,並與對方具備的共同基本人性需求產生連結,繼而促進團結,而非促進分裂。我們在第四章〈重建團隊連結〉的內容當中所討論的技能——開放心態、人際關係的真誠,加上完整傾聽的能力、為共同利益發言的能力,皆屬於這方面的核心。尤其是以正念為基礎的練習已經證明,可以減少內群體的偏見和兩極化,並幫助人們給予他人更多的尊重,即使是那些原本屬於外群體的人❷❸。

🚀 在一個成癮的世界裡領導

正如我們之前所概述的,人們才剛剛開始體會到網路世界的力量和衝擊。人類正在集體進行世上前所未見最大型的實驗之一,而當中的龐大效應才剛開始萌芽。所謂的數位原生世代(Digital Native,例如 2007 年 iPhone 出現那年出生的人)現在是青少年。展望未來,我們看到科技在人們生活中扮演愈來愈重要的角色。儘管有些人努力透過簡化科技

生活，還有「數位排毒」來削減對科技的依賴，然而這個浪頭卻是勢不可擋地反其道而行❹❺。根據目前的證據顯示，在爭奪我們注意力的戰役上，前衛科技絕對是贏家。

在職場環境，我們認為這種影響在未來幾年只會不斷地擴大。隨著人們的專注力持續下降，這將動搖員工保持專注力、完成任務、策略性思考，以及做出正確決策的能力。也許最重要的是，我們預期在情緒復原力和壓力管理能力方面，員工將會面臨巨大的難關。社群媒體所建立的超連結、超比較的世界，將反過來波及使用者脆弱又漂浮不定的自尊，恐怕失去內在的自信和復原力。

這種情況為領導者的工作增加了複雜度，既要擁抱在網路世界中操作的業務與工作，又要為高度依賴網路世界（含注意力和情感兩方面）、卻無力招架網路衝擊的員工，維持他們的參與度和績效。在未來數十年，領導者將有必要管理這些人力資源的脆弱層面，不僅能夠具有相當的敏感度，來看待許多員工的實際經驗，也要提供支援和資源，幫助員工管理自己的心理健康和復原力。在全部的過程中，領導者將必須能夠支持自己，並維持自己的平衡和心理健康。我們在本書中談論的一些工具和技能，尤其是第三章和第四章，將可以在這方面發揮關鍵作用。

🚀 關於 AI 的大哉問

未來領導力最大、最不確定的趨勢也許就是人工智慧。這是一項具有驚人潛力的科技,但是即使是像 OpenAI 執行長奧特曼(Sam Altman)這樣的人工智慧創造者,也會警告潛藏的倫理、法律和社會方面的危險,以及監管法規的必要性❻。以生成式人工智慧聊天機器人舉例來說,基於其程式設計的演算法,本身就存在偏見、歧視和竄改資訊的嚴重風險❼。

AI 已經在改變許多工作的完成方式。無論是使用 AI 回應客戶的詢問與抱怨、完成端到端的製造流程、取代餐廳的服務人員、撰寫論文或報告,或者是員工培訓,幾乎人類活動的每一個領域都有 AI 在快速地介入。

一些專家指出,迄今為止,人工智慧的主要應用是解決資料處理的任務,也就是非常特定和狹隘的功能需求,例如製造業和物流業。這就是所謂的「狹義 AI」。相較之下,更複雜的就是「通用 AI」,例如可以作出判斷、取代與醫生的諮詢和正常的社交互動,目前正漸漸走進人類的日常生活❽。問題是:這項科技將會發展到什麼程度,或被允許發展到什麼程度呢?起初,人工智慧主要是從人類手中接下較單調的工作任務,而非完全取代人類的工作角色❾。這種應用被形容為「去掉人的機械動作」,而非完全用來取代人類。然而,光是

這一部分，對許多產業的員工和領導者而言，已經是一個巨大的挑戰。

與 AI 應用程式合作及透過 AI 應用程式工作，對員工的工作滿意度、工作動機、及解決問題的能力有何影響？機器人無法滿足人類哪些需求？例如，領導者需要做些什麼，以確保組織文化、誠信、積極性與創新，不會因為更多的 AI 在職場上帶來好處，而使這些價值有所損失？這些問題的答案，無疑會依照受到影響的自動化種類、產業和工作類型，而出現很大的差異。不過無論如何，這些變化都很可能對我們工作的世界，還有領導者在管理員工方面的職責，產生重大的波動。

也許一個更重大的問題是：當狹義 AI 變成通用 AI 後，接下來會發生什麼事呢？意思就是，當人工智慧開始複製更精密複雜的通用智商能力時，會引發什麼變化，而這種聰明至今仍是智人（學名：Homo sapiens）的專利。當人類愈來愈無法辨別，以證據為基礎的「現實」，以及由 AI 產生的、較少根據的「另類現實」時，會發生什麼事？專家指出，人工智慧的發展將與過去許多科技發展相同，朝著「J 曲線」的路徑前進：有一個三到四十年的發展期（大多數不為人所知），然後才會在企業和社會中出現爆炸性的普及⑩。想想飛機的飛行、駕駛、個人電腦、網際網路和智慧型手機，按理

說，我們已經站在的引爆點上了。

　　隨著人類生活接近更多通用人工智慧，這將為領導力帶來大量的問題。人工智慧是否有可能完全頂替領導者的位置呢？假如／當這件事真的發生會如何呢？比起一台機器──縱使極度聰明，人類可以貢獻的是什麼？這類的說服理由將必須一再被舉證出來。尖端機器人的聰明及處理能力，可能代表人們將會配置機器人，來協助規劃工作的優先排序，在團隊間分派工作任務，監控專案的績效，以及解決業務問題。如果人工智慧變得無所不在，人類是否會變得精神懶惰、自鳴得意和注意力不集中？領導者的角色甚至會變得多餘？我們並不這麼認為，因為正如本書所概述的，偉大的領導力和啟迪是深具人性的工作。不過，人工智慧的興起和攀升，把這些問題放在未來領導力前線的中央位置──導致領導者的工作範圍也許會縮小，轉而著力在更多以人為主的策略性問題。

　　這些都是很大的議題，而且也許是因為這些科技大多以「J曲線」的方式發展，所以很難精準預測 AI 將會以哪些方式，影響領導者和他們所經營的組織。我們全體正在共同進行人類歷史上前所未有的實驗，而且結果已經開始湧現。問題是，我們是否有意志、機智和覺察能力去閱讀和理解那些結果，然後校正我們使用 AI 的方式？

🚀 虛擬世界

我們要在此探討的最後一項未來挑戰,是關於虛擬實境(VR)世界中的生活與工作。就像任何(相對)新的科技一樣,我們能明顯觀察到,世上充斥過早承諾的龐大利益和無節制過度樂觀的狂熱,可是「真實世界」中 VR 的實際效果和用途,絕大部分仍有待檢驗。

從正面的角度來看,有證據顯示在職場使用 VR 可以幫助減輕壓力、誘導放鬆,如醫療照護機構中實施的❶❷。此外,VR 還有一些新興的可能用途,例如技能訓練,或者藉由虛擬實境來設計和測試辦公室,或工業型工作環境、生產線和作業流程❸❹❺❻。在負面方面,一篇文獻回顧指出了潛藏弊端,例如誘發「虛擬實境眩暈症」(Cybersickness / VR sickness),進而可能妨礙員工使用 VR❼。這些症狀包括更多的視覺疲勞、肌肉疲勞和肌肉骨骼不適、更重的壓力(來自科技壓力、任務難度、時間壓力和公開演講)和精神過度負荷(來自任務負擔、時間壓力和虛擬環境介面)。也許一個更大的隱憂是,有許多人單是使用 VR 一個回合後,就體驗到自我感喪失(depersonalization)和失真感(derealization,現實感模糊)的症狀❽❾。對個人來說,這些都是令人擔心的結果,然而對團隊來說,可能會導致更大的牽連。

另外，據估計，有 2%～20% 的使用者表示，會有不受控的 VR 使用強迫症狀，雖然這與其他較傳統的科技引起的現象相似[20]。可是，隨著 VR 愈來愈普及，技術變得更成熟逼真，這種上癮程度可能是被低估的。

對於 VR 會如何影響人們的協作與溝通，其長期效應幾乎不得而知，但是就像任何創新或剛崛起的科技，人們的狂熱和行銷炒作可能會放大它實際的表現，而潛藏的傷害往往會被淡化。在未來，最好的做法可能是，職場環境只採用特定用途的 VR，而前提是該用途的好處已經獲得證實，其害處也已經明確界定和減輕。

結語

正如我們在本書中所闡述的，我們認為這一套核心領導技能，是領導者在資訊密集的世界裡所需的基本功，同時可以用來應對我們剛剛討論過的未來趨勢。根據迄今為止的研究和我們自身的經驗，我們提出四個核心領導力領域（即四個P），並且觀察到這些領域正受到資訊泛濫的威脅。領導者為了生存，勢必要掌控這四大關鍵議題（目標、優先事項、人、個人）。未來情境對領導者的要求，將會變得更加複雜和多樣化，把更多領導者的注意力「向外」拉，去應付眼前即時要求的、短暫且往往膚淺的問題。

正是因為這些不停劇增的複雜度、變化和資訊爆炸量，使我們認為本書提及的優先事項與領導特質，對任何希望表現可圈可點的領導者都日趨重要。無論你是在建立新事業、領導大型企業，或是指揮公共機構，你都無可避免地要煩惱如何最有效地調配你的注意力。與其習得更多技術性能力，或搭上一時的流行和「高招」，我們視領導者的「內在功力」才是在未來左右勝負的差異。針對這四個P，我們提供了一系列的小型實作和反思問題，以協助身為領導者的你應對這些挑戰，並提升你的領導團隊實力。

此外，在每一個 P 當中，我們都提出四個「內在」領導特質（真誠度、覺察能力、開放心態及平衡），我們認為對於資訊時代的任何一位領導者而言，這些特質都是創造成功的樞紐。這些特質絕非新的發現，但是現在可能比以往任何時候都更被迫切需要，因為潮水般的資訊正在搶奪我們的注意力和精力。身為領導者，我們有多大能耐堅持並加強這四項個人特質，將在很大程度上定奪我們在資訊超載時代的領導成就。這四項特質有點像是湍急大河中的一座石島，可以成為我們攀爬的重要制高點，讓我們可以在此清晰地鳥瞰自己應該如何前進。一旦具備這些特質，我們就能明智地下決策、有意識地回應，還有對那些仰賴我們的人給予明晰的領導。

附錄

appendix

範本 1：領導團隊的靶心

附錄 appendix

我們清楚知道，自己的存在是為了滿足哪些需求，以及實現這些需求背後的價值觀。做為一個領導團隊，我們下的決策清晰地反映出我們的宗旨，並合宜地融入我們的團隊／組織中。

我們一貫地專注於正確的策略議題。我們善於後退一步，縱觀全局，但也能在需要快速行動時「把握時機」。做為一個領導團隊，我們以全神貫注、不過度反應以及誠實的態度來進行彼此之間的互動。

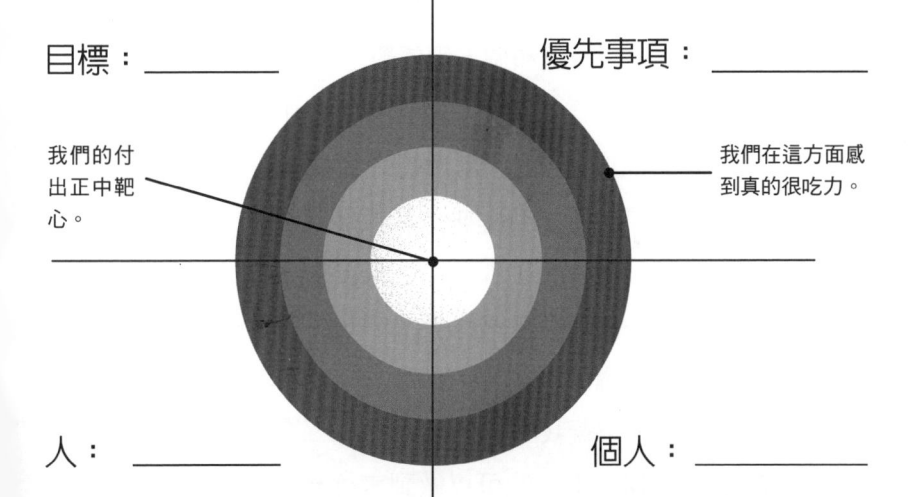

目標：＿＿＿＿＿＿＿

優先事項：＿＿＿＿＿＿＿

我們的付出正中靶心。

我們在這方面感到真的很吃力。

人：＿＿＿＿＿＿＿

個人：＿＿＿＿＿＿＿

做為一個領導團隊，在與彼此及所領導的人交流時，我們身體力行開放的態度、人際誠信與活在當下的「在」。

做為一個領導團隊，我們有適當的「功能儲備」。我們照護自己的健康與復原力，以便能夠在領導崗位持續發揮作用。我們互相照顧，我們在所領導的人群中，樹立自我保健的榜樣。

範本2：領導力自我省思

領導特質1 真誠度

身為領導者的你，可以利用下列一組反思問題，對真誠度這項領導特質做進一步的思考。你可以將答案寫在另一張紙上。

- 身為領導者，我的前三～四項主要價值觀是什麼？我個人的前三～四項主要價值觀是什麼？
- 我的領導價值觀和個人價值觀一致性有多高？
- 以1～10分為標準，我在領導角色中，實踐自己價值觀的程度是多少？(想想你最近以符合價值觀的方式行事的例子有哪些？與價值觀不符的例子有哪些？哪一種狀況對你來說更常見呢？)
- 在傳達我的價值觀和重要事項時，我的態度有多開放呢？面對這種溝通，什麼可以支持我的表達，又是什麼會妨礙我的表達呢？
- 在多大程度上，我可以做到言行一致（而且不亂開空頭支票）？

與你的精神導師、值得信賴的同事或人生教練，討論你對上述問題的回答。是否有浮現哪些共通點或洞察？

採取行動：根據以上的省思,什麼樣的行動(2～3個),將有助於強化我做為領導者的真誠度?你也許會想在另一張紙上,繪製和完成屬於自己的表格。

行動內容	此行動為何重要?	具體步驟/分解動作	完成每一步驟的時間範圍

領導特質2 覺察能力

身為領導者的你，可以利用下列一組反思問題，對覺察能力這項領導特質做進一步的思考。

- 在何種程度上，我能夠將注意力「隔間化」，讓自己完全專注於手上的問題？哪些習慣／做法可以幫助我更穩定持續地做到這一點？
- 對我來說，日常工作中在哪個時段加入固定的「句號」和「逗號」才合理？我該如何提醒自己去落實呢？
- 我在科技離線（尤其是下班後）方面的成效如何？我將如何更有效地做到這一點？

與你的精神導師、值得信賴的同事或人生教練，討論你對上述問題的回答。是否有浮現哪些共通點或洞察？

採取行動：根據以上的省思，什麼樣的行動（2～3個），將有助於強化我做為領導者的覺察能力？

行動內容	此行動為何重要？	具體步驟／分解動作	完成每一步驟的時間範圍

領導特質 3　開放心態

身為領導者的你,可以利用下列一組反思問題,對開放性這項領導特質做進一步的思考。

- 我是否有效地做到:以開放的態度與我最重要的人際關係往來,不僅傾聽他們所說的話,也傾聽他們談話背後的語氣和意圖?在用心傾聽方面,我的優先考量是什麼?
- 為了整體利益坦誠發言,以有建設性但明確的方式提出問題和挑戰假設,在這方面我的表現如何?為掌握這項能力,我需要做哪些努力?
- 我在面對威脅或有壓力的情況時,能有效地做出回應,而不是衝動地做出反射動作嗎?為掌握這項能力,我需要做哪些努力呢?
- 面對主要的利害關係人,我在以行動裝置為媒介的溝通,與更直接的面對面溝通之間,創造什麼樣的平衡呢?我是否拿捏得恰到好處呢?
- 我與主要利害關係人的溝通模式,需要做哪些改變?

與你的精神導師、值得信賴的同事或人生教練,討論你對上述問題的回答。是否有浮現哪些共通點或洞察?

採取行動：根據以上的省思，什麼樣的行動（2～3個），將有助於強化我做為領導者的開放心態？

行動內容	此行動為何重要？	具體步驟／分解動作	完成每一步驟的時間範圍

領導特質 4　平衡

身為領導者的你,可以利用下列一組反思問題,對平衡這項領導特質做進一步的思考。

- 我的前三或四個核心優先事項是什麼(即石頭、小卵石、沙和水)?依目前安排的順序,其成效如何?
- 我是否需要做一些事情,來投入更多的精神和關注在這些石頭上?
- 考慮到我的職業和個人生活,我目前在這兩方面擁有多少程度的功能儲備?我是否需要做一些改變來提高這些儲備?
- 為了讓自己能夠定期地自我更新,每日、每週、每月及每年有哪些活動是重點?
- 參與這些自我更新活動,所產生的效果如何?我需要做出哪些改變?

與你的精神導師、值得信賴的同事或人生教練,討論你對上述問題的回答。是否有浮現哪些共通點或洞察?

採取行動：根據以上的省思，什麼樣的行動（2～3個），將有助於強化我做為領導者的平衡？

行動內容	此行動為何重要？	具體步驟／分解動作	完成每一步驟的時間範圍

範本3：給同事的反饋問題

以下是幾個開放式問題，關於對你同事〔在此填入姓名〕相關的觀察。請儘可能給予直白的答覆。

真誠度

- 根據你的觀察和了解，他們身為領導者的三、四個關鍵價值觀是什麼？
- 在領導角色方面，你同事實踐這些價值觀的情況如何？
- 在溝通價值觀和重視的事物方面，你同事抱持的態度有多開放？
- 你同事可以做到何種程度的言行一致？

覺察能力

- 你同事能夠將注意力「隔間化」到什麼程度，讓自己完全專注於手上的問題？
- 你同事有多擅長「活在當下」，而且一次只專注於一項工作或一場對話？

開放心態

- 為整體利益坦誠發言,以有建設性但明確的方式提出問題和挑戰假設,你同事在這方面的表現如何?
- 當你同事面對威脅或有壓力的情況時,能有效地做出回應,而不是衝動地做出反射動作嗎?
- 在行動裝置為媒介的溝通上,與更直接的面對面溝通之間,你同事創造了什麼樣的平衡?
- 如果有必要,你同事與主要利害關係人的溝通模式,需要做哪些改變呢?

平衡

- 就你個人的理解,你同事目前擁有多少程度的功能儲備呢?
- 就你個人的理解,你同事參與自我更新的活動,所獲得的效果如何?

參考資料

前言

1. The names of individuals in the personal anecdotes we refer to in this book are pseudonyms.
2. Stoker, J. I., Garretsen, H., & Lammers, J. (2022). 'Leading and working from home in times of COVID-19: On the perceived changes in leadership behaviours.' *Journal of Leadership & Organizational Studies*, 29(2), 208–218.
3. Firth, J., Torous, J., Stubbs, B., Firth, J. A., Steiner, G. Z., Smith, L., ... & Sarris, J. (2019). 'The "online brain": How the Internet may be changing our cognition.' *World Psychiatry*, 18(2), 119–129.

第一章

1. Kelly, G. (2017). *Live, Lead, Learn: My stories of life and leadership*. Penguin Group Australia; unpublished remarks provided by Gail Kelly in a 2011 speech at Commonwealth Treasury, Canberra Australia.
2. Garvin, D. A., & Roberto, M. A. (2001). 'What you don't know about making decisions.' *Harvard Business Review*, 79(8), 108–119.
3. Hallowell, E. M. (2005). 'Overloaded circuits: Why smart people REFERENCES 4. 5. 6. 7. 8. 9. underperform.' *Harvard Business Review*, 83(1), 54–116.
4. Mark, G., Iqbal, S., Czerwinski, M., & Johns, P. (2015, February). 'Focused, aroused, but so distractible: Temporal perspectives on multitasking and communications.' *In Proceedings of the 18th ACM Conference on Computer Supported Cooperative Work & Social Computing* (pp. 903–916).
5. Chong, J., & Siino, R. (2006, November). 'Interruptions on software teams: A comparison of paired and solo programmers.' *In Proceedings of the 2006 20th Anniversary Conference on Computer Supported Cooperative Work* (pp. 29–38).
6. Bernstein, E., & Waber, B. (2019). 'The truth about open offices.' *Harvard Business Review*, 97(6), 83.
7. Molla, R. (2019, May 1). 'The productivity pit: How Slack is ruining work.' https://www.vox.com/recode/2019/5/1/18511575/productivity slack-google-microsoft-facebook
8. Wajcman, J., & Rose, E. (2011). 'Constant connectivity: Rethinking interruptions at work.' *Organization Studies*, 32(7), 941–961.
9. Perlow, L. A. (1999). 'The time famine: Toward a sociology of work time.' *Administrative Science Quarterly*, 44, 57–81
10. Perlow, L., & Weeks, J. (2002). 'Who's helping whom? Layers of culture and workplace behavior.' *Journal of Organizational Behavior*, 23, 345–361.

11. Mazmanian, M., Orlikowski, W. J., & Yates, J. (2013). 'The autonomy paradox: The implications of mobile email devices for knowledge professionals.' *Organization Science*, 24(5), 1337–1357.

12. Mattarelli, E., Bertolotti, F., & Incerti, V. (2015). 'The interplay between organizational polychronicity, multitasking behaviors and organizational identification: A mixed-methods study in knowledge intensive organizations.' *International Journal of Human–Computer Studies*, 79, 6–19.

13. Alliance. (2013). 'Survey for white-collar worker mobile phone use.' http://article.zhaopin.com/pub/print.jsp?id¼212276

14. Lee, K. H., & Kim, K. S. (2015). A study on the impact of the use of smart devices on work and life. https://www.kli.re.kr/kli/ rsrchReprtView.do?pblctListNo¼8663&key¼13.

15. Park, J. C., Kim, S., & Lee, H. (2020). 'Effect of work-related smartphone use after work on job burnout: Moderating effect of social support and organizational politics.' *Computers in Human Behavior*, 105, 106194.

16. Ophir, E., Nass, C., & Wagner, A. D. (2009). 'Cognitive control in media multitaskers.' *Proc. Natl. Acad. Sci. U.S.A. 106,* 15583–15587. doi: 231 THE CLEAR LEADER 10.1073/pnas.0903620106

17. Gajendran, R. S., Loewenstein, J., Choi, H., & Ozgen, S. (2022). 'Hidden costs of text-based electronic communication on complex reasoning tasks: Motivation maintenance and impaired downstream performance.' *Organizational Behavior and Human Decision Processes*, 169, 104130.

18. Clinton-Lisell, V. (2021). 'Stop multitasking and just read: Meta analyses of multitasking's effects on reading performance and reading time.' *Journal of Research in Reading*, 44(4), 787–816. https://doi. org/10.1111/1467-9817.12372

19. Sanbonmatsu, D. M., Strayer, D. L., Medeiros-Ward, N., & Watson, J. M. (2013). 'Who multi-tasks and why? Multi-tasking ability, perceived multitasking ability, impulsivity, and sensation seeking.' PLoS ONE, 8, e54402. doi: 10.1371/journal.pone.0054402

20. Wilmer, H. H., & Chein, J. M. (2016). 'Mobile technology habits: Patterns of association among device usage, intertemporal preference, impulse control, and reward sensitivity.' *Psychon. Bull. Rev.*, 23, 1607–1614. doi: 10.3758/s13423–016–1011–z

21. Ciarrochi, J., Parker, P., Sahdra, B., Marshall, S., Jackson, C., Gloster, A. T., & Heaven, P. (2016). 'The development of compulsive internet use and mental health: A four-year study of adolescence.' *Developmental Psychology*, 52(2), 272.

22. Donald, J. N., Ciarrochi, J., Parker, P. D., & Sahdra, B. K. (2019). 'Compulsive internet use and the development of self-esteem and hope: A four-year longitudinal study.' *Journal of Personality*, 87(5), 981–995.

23. Donald, J. N., Ciarrochi, J., & Sahdra, B. K. (2022). 'The consequences of compulsion: A 4-year longitudinal study of compulsive internet use and emotion regulation difficulties.' *Emotion*, 22(4), 678.

第二章

1. Useem, M. (2018). https://knowledge.wharton.upenn.edu/podcast/ knowledge-at-wharton-podcast/leadership-lessons-thai-soccer-team rescue/ 2018.
2. Ryan, R. M., & Deci, E. L. (2017). Self-determination theory: *Basic psychological needs in motivation, development, and wellness*. Guilford Publications.
3. Di Domenico, S. I., & Ryan, R. M. (2017). 'The emerging neuroscience of intrinsic motivation: A new frontier in self-determination research.' *Frontiers in Human Neuroscience*, 11, 145.
4. Ashby, F. G., Isen, A. M., & Turken, A. U. (1999). 'A neuropsychological theory of positive affect and its influence on cognition.' *Psychol. Rev.* 106, 529–550. doi: 10.1037/0033-295x.106.3.529
5. Salamone, J. D., & Correa, M. (2016). 'Neurobiology of effort and the role of mesolimbic dopamine.' *In Advances in Motivation and Achievement: Recent developments in neuroscience research on human motivation*, eds S. Kim, J. Reeve & M. Bong. Emerald Group Publishing, 229–256.
6. Di Domenico, S. I., & Ryan, R. M. (2017). 'The emerging neuroscience of intrinsic motivation: A new frontier in self-determination research.' *Frontiers in human neuroscience*, 11, 145.
7. Ulrich, M., Keller, J., Hoenig, K., Waller, C., & Grön, G. (2014). 'Neural correlates of experimentally induced flow experiences.' *Neuroimage*, 86, 194–202. doi: 10.1016/j.neuroimage.2013.08.019
8. Sperling, R. A., LaViolette, P. S., O'Keefe, K., O'Brien, J., Rentz, D. M., Pihlajamaki, M., ... & Johnson, K. A. (2009). 'Amyloid deposition is associated with impaired default network function in older persons without dementia'. *Neuron*, 63(2), 178–188.
9. Boyer-Davis, S. (2018). 'The relationship between technology stress and leadership style: An empirical investigation.' *Journal of Business and Educational Leadership*, 8(1), 48–65.
10. Starcke, K., Pawlikowski, M., Wolf, O. T., Altstötter-Gleich, C., & Brand, M. (2011). 'Decision-making under risk conditions is susceptible to interference by a secondary executive task.' *Cognitive Processing*, 12(2), 177–182. https://doi.org/10.1007/s10339-010-0387-3
11. Baror, S., & Bar, M. (2016). 'Associative activation and its relation to exploration and exploitation in the brain.' *Psychological Science*, 27(6), 776–789. https://doi.org/10.1177/0956797616634487
12. Scafuri Kovalchuk, L., Buono, C., Ingusci, E., Maiorano, F., De Carlo, E., Madaro, A., & Spagnoli, P. (2019). 'Can work engagement be a resource for reducing workaholism's undesirable outcomes? A multiple mediating model including moderated mediation analysis.' *International Journal of Environmental research and Public Health*, 16(8), 1402. https://doi.org/10.3390/ijerph16081402
13. Janssen, M., Heerkens, Y., Kuijer, W., van der Heijden, B., & Engels, J. 233 THE CLEAR LEADER (2018). 'Effects of mindfulness-based stress reduction on employees' mental health: A systematic review.' *PloS one*, 13(1), e0191332. https:// doi.org/10.1371/journal.

pone.0191332

14. Prudenzi, A., Graham, C. D., Clancy, F., Hill, D., O'Driscoll, R., Day, F., & O'Connor, D. B. (2021). 'Group-based acceptance and commitment therapy interventions for improving general distress and work-related distress in healthcare professionals: A systematic review and meta analysis.' *Journal of Affective Disorders*, 295, 192–202.

15. Kitayama, S., Akutsu, S., Uchida, Y., & Cole, S. W. (2016). 'Work, meaning, and gene regulation: Findings from a Japanese information technology firm.' *Psychoneuroendocrinology*, 72, 175–181. https://doi. org/10.1016/j.psyneuen.2016.07.004

16. Edgar Schein's famous research on workplace culture finds that organisational culture is shaped by the 'underlying assumptions' that sit beneath the surface in any organisation (i.e. are not visible), but that shape the values and behaviours within that organisation. In seeking to shift the culture, Schein suggests leaders ask themselves: 'What problems can we create that the organisation can adapt to solve?' By identifying a set of problems, the organisation will adapt to solve these, hence changing the culture with it. This approach has parallels to how we think of purpose and how to articulate it. Schein, E. H. (2010). *Organizational Culture and Leadership* (Vol. 2). John Wiley & Sons.

17. Çiçek, B., & Kılınç, E. (2021). 'Can transformational leadership eliminate the negativity of technostress? Insights from the logistic industry.' *Business & Management Studies: An International Journal*, 9(1), 372–384.

18. Starcke, K., Pawlikowski, M., Wolf, O. T., Altstötter-Gleich, C., & Brand, M. (2011). 'Decision-making under risk conditions is susceptible to interference by a secondary executive task.' *Cognitive Processing*, 12(2), 177–182. https://doi.org/10.1007/s10339-010-0387-3

19. Beilock, S. L., & Carr, T. H. (2005). 'When high-powered people fail: Working memory and "choking under pressure" in math.' *Psychological Science*, 16(2), 101–105. https://doi.org/10.1111/j.0956 7976.2005.00789.x

20. https://www.etymonline.com/word/authentic

21. Ziano, I., & Wang, D. (2021). 'Slow lies: Response delays promote perceptions of insincerity.' *Journal of Personality and Social Psychology*, 120(6), 1457–1479. https://doi.org/10.1037/pspa0000250.

22. Coutifaris, C. G., & Grant, A. M. (2022). 'Taking your team behind the curtain: The effects of leader feedback-sharing and feedback-seeking on team psychological safety.' *Organization Science*, 33(4), 1574–1598.

第三章

1. Covey, S., Merrill, R., & Merrill, R. R. (1996). *First Things First: To live, to love, to learn, to leave a legacy*. Simon and Schuster.

2. Moolman, T., & Mankins, M. (2017, March 1). 'Digital tools are helpful in increasing productivity.' https://www.bain.com/insights/ digital-tools-are-helpful-in-increasing-

productivity-businessday/ Originally appeared in Business Day, https://www.businesslive.co.za/ bd/opinion/2017-03-01-digital-tools-are-helpful-in-increasing productivity/

3. Molla, R. (2019, May 1). 'The productivity pit: How Slack is ruining work.' https://www.vox.com/recode/2019/5/1/18511575/productivity slack-google-microsoft-facebook

4. Clifford, C. (2014, November 23). 'How much time do your employees spend doing real work?' Entrepreneur. https://www.entrepreneur.com/ article/240076

5. Dillard-Wright, D. B. (2018). 'Technology designed for addiction.' Psychology Today. https://www.psychologytoday.com/au/blog/ boundless/201801/technology-designed-addiction

6. https://www.realclearpolitics.com/video/2017/12/11/fmr_facebook_ exec_social_media_is_ripping_our_social_fabric_apart.html

7. Hallowell, E. M. (2005). 'Overloaded circuits: Why smart people underperform.' *Harvard Business Review*, 83(1), 54–116.

8. http://time.com/3858309/attention-spans-goldfish/

9. Makary, M. A., & Daniel, M. (2016). 'Medical error – the third leading cause of death in the US.' *BMJ (Clinical research ed.)*, 353, i2139. https:// doi.org/10.1136/bmj.i2139

10. Distracted Driving. (2022). Australian Automobile Association. https:// www.aaa.asn.au/research/distracted-driving/

11. Stothart, C., Mitchum, A., & Yehnert, C. (2015). 'The attentional cost of receiving a cell phone notification.' *Journal of Experimental Psychology. Human Perception and Performance*, 41(4), 893–897. https://doi. org/10.1037/xhp0000100

12. Ward, A. F., Duke, K., Gneezy, A., & Bos, M. W. (2017). 'Brain drain: The 235 THE CLEAR LEADER mere presence of one's own smartphone reduces available cognitive capacity.' *JACR*, 2(2), 140–154. http://dx.doi.org/10.1086/691462

13. Baror, S., & Bar, M. (2016). 'Associative activation and its relation to exploration and exploitation in the brain.' *Psychological Science*, 27(6), 776–789. https://doi.org/10.1177/0956797616634487

14. Starcke, K., Pawlikowski, M., Wolf, O. T., Altstötter-Gleich, C., & Brand, M. (2011). 'Decision-making under risk conditions is susceptible to interference by a secondary executive task.' *Cognitive Processing*, 12(2), 177–182. https://doi.org/10.1007/s10339-010-0387-3

15. Hallowell, E. M. (2005). 'Overloaded circuits: Why smart people underperform.' *Harvard Business Review*, 83(1), 54–116.

16. Rumelt, R. (2022). *The Crux: How leaders become strategists*. Profile Books.

17. Firth, J., Torous, J., Stubbs, B., et al. (2019). 'The "online brain": How the Internet may be changing our cognition.' *World Psychiatry*, 18(2), 119–129. doi: 10.1002/wps.20617.

18. Interview conducted by Anderson Cooper with Amishi Jha and Major General Piatt. https://www.youtube.com/watch?v=pN64uJIRasl

19. Nassif, T., Adrian, A., Gutierrez, I., Dixon, A., Rogers, S., Jha, A., & Adler, A. (2021).

'Optimizing performance and mental skills with mindfulness-based attention training: Two field studies with operational units'. *Military Medicine*. 10.1093/milmed/usab380.
20. https://www.mindful.org/youre-overwhelmed-and-its-not-your fault/
21. Davis, M. C., Leach, D. J., & Clegg, C. W. (2011). 'The physical environment of the office: Contemporary and emerging issues.' *In International Review of Industrial and Organizational Psychology* (Volume 26), eds G. P. Hodgkinson & J. K. Ford. Wiley Online Library. https://doi.org/10.1002/9781119992592.ch6
22. Rosling, H. (2018). Factfulness: *Ten reasons we're wrong about the world – and why things are better than you think*. Sceptre.
23. Gajendran, R. S., Loewenstein, J., Choi, H., & Ozgen, S. (2022). 'Hidden costs of text-based electronic communication on complex reasoning tasks: Motivation maintenance and impaired downstream performance.' *Organizational Behavior and Human Decision Processes*, 169, 104130.
24. Jackson, T., Dawson, R., & Wilson, D. (2001). 'The cost of email interruption.' *Journal of Systems and Information Technology*, 5(1), 81–92. https://doi.org/10.1108/13287260180000760
25. Colzato, L. S., Ozturk, A., & Hommel, B. (2012). 'Meditate to create: The impact of focused-attention and open-monitoring training on convergent and divergent thinking.' *Frontiers in Psychology*, 3, 116. https://doi.org/10.3389/fpsyg.2012.00116
26. Atkins, P. W. B., Hassed, C., & Fogliati, V. J. (2015). 'Mindfulness improves work engagement, wellbeing and performance in a university setting.' *In Flourishing in Life, Work, and Careers*, eds R. J. Burke, C. L. Cooper & K. M. Page. Elgar, pp. 193–209.
27. Reb, J., Narayanan, J., & Chaturvedi, S. (2012). 'Leading mindfully: Two studies on the influence of supervisor trait mindfulness on employee wellbeing and performance.' *Mindfulness*, 1(1). doi:10.1007/s12671 012–0144–z
28. Walsh, M. M., & Arnold, K. A. (2018). 'Mindfulness as a buffer of leaders' self-rated behavioral responses to emotional exhaustion: A dual process model of self-regulation.' *Front Psychol.*, 9, 2498. doi: 10.3389/fpsyg.2018.02498.
29. Garland, E. L., Farb, N. A., Goldin, P. R., & Fredrickson, B. L. (2015). 'The mindfulness-to-meaning theory: Extensions, applications, and challenges at the attention–appraisal emotion interface.' *Psychological Inquiry*, 26(4), 377 387, DOI: 10.1080/1047840X.2015.1092493
30. Hjemdal, O., Solem, S., Hagen, R., Kennair, L., Nordahl, H. M., & Wells, A. (2019). 'A randomized controlled trial of metacognitive therapy for depression: Analysis of 1-year follow-up.' *Frontiers in Psychology*, 10, 1842. https://doi.org/10.3389/fpsyg.2019.01842
31. Kruger, J., & Dunning, D. (1999). 'Unskilled and unaware of it: How difficulties in recognizing one's own incompetence lead to inflated self-assessments.' *Journal of Personality and Social Psychology*, 77(6), 1121.
32. Garland, E. L., Hanley, A. W., Goldin, P. R., & Gross, J. J. (2017). 'Testing the mindfulness-

to-meaning theory: Evidence for mindful positive emotion regulation from a reanalysis of longitudinal data.' *PloS one*, 12(12), e0187727. https://doi.org/10.1371/journal. pone.0187727

33. Sibinga, E. M., & Wu, A. W. (2010). 'Clinician mindfulness and patient safety.' *JAMA*, 304(22), 2532–3.

34. Hafenbrack, A. C., Kinias, Z., & Barsade, S. G. (2014). 'Debiasing the mind through meditation: Mindfulness and the sunk cost bias.' *Psychological Science*, 25(2), 369–376. https://doi. org/10.1177/0956797613503853

35. Ruedy, N. E., & Schweitzer, M. E. (2010). 'In the moment: The effect 237 THE CLEAR LEADER of mindfulness on ethical decision making.' *J Bus Ethics*, 95(Suppl 1), 73–87. https://doi.org/10.1007/s10551-011-0796-y

36. Janssen, M., Heerkens, Y., Kuijer, W., van der Heijden, B., & Engels, J. (2018). 'Effects of mindfulness-based stress reduction on employees' mental health: A systematic review.' *PloS one*, 13(1), e0191332. https:// doi.org/10.1371/journal.pone.0191332

37. Hülsheger, U. R., Alberts, H. J., Feinholdt, A., & Lang, J. W. (2013). 'Benefits of mindfulness at work: The role of mindfulness in emotion regulation, emotional exhaustion, and job satisfaction.' *Journal of Applied Psychology*, 98(2), 310–325. https://doi.org/10.1037/a0031313

38. Reb, J., Narayanan, J., & Chaturvedi, S. (2014). 'Leading mindfully: Two studies on the influence of supervisor trait mindfulness on employee well-being and performance.' *Mindfulness*, 5(1), 36–45 https://doi. org/10.1007/s12671-012-0144-z

39. Reb, J., Narayanan, J., & Ho, Z. W. (2015). 'Mindfulness at work: Antecedents and consequences of employee awareness and absent mindedness.' *Mindfulness*, 6(1), 111–122. https://doi.org/10.1007/ s12671-013-0236-4

40. Schultz, P. P., Ryan, R. M., Niemiec, C. P., et al. (2015). 'Mindfulness, work climate, and psychological need satisfaction in employee well being.' *Mindfulness*, 6, 971–985. https://doi.org/10.1007/s12671-014 0338-7

41. Purser, R. (2019). *McMindfulness: How mindfulness became the new capitalist spirituality*. Penguin.

42. Hafenbrack, A. C., & Vohs, K. D. (2018). 'Mindfulness meditation impairs task motivation but not performance.' *Organizational Behavior and Human Decision Processes*, 147, 1–15. https://doi.org/10.1016/j. obhdp.2018.05.001

43. Marion-Jetten, A. S., Taylor, G., & Schattke, K. (2022). 'Mind your goals, mind your emotions: Mechanisms explaining the relation between dispositional mindfulness and action crises.' *Personality & Social Psychology Bulletin*, 48(1), 3–18. https://doi.org/10.1177/0146167220986310

44. Niemiec, C. P., Ryan, R. M., & Deci, E. L. (2009). 'The path taken: Consequences of attaining intrinsic and extrinsic aspirations in post college life.' *J Res Pers.*, 73(3), 291–306. doi: 10.1016/j.jrp.2008.09.001.

第四章

1. Fifield, A. (2019, March 18). 'New Zealand's prime minister receives worldwide praise for her response to the mosque shootings.' *Washington Post*. https://www.washingtonpost.com/world/2019/03/18/ new-zealands-prime-minister-wins-worldwide-praise-her response-mosque-shootings/

2. https://www.npr.org/2010/01/18/122701268/i-have-a-dream speech-in-its-entirety

3. https://www.nobelprize.org/prizes/peace/1979/teresa/biographical/

4. https://winstonchurchill.org/the-life-of-churchill/life/man-of words/churchill-the-orator/

5. Zaleznik, A. (2004). 'Managers and leaders: Are they different?' *Harvard Business Review*.

6. https://hbr.org/2004/01/managers-and leaders-are-they-different https://time.com/person-of-the-year-2022-volodymyr-zelensky/

7. Lowe, K. B., Kroeck, K. G., & Sivasubramaniam, N. (1996). 'Effectiveness correlates of transformational and transactional leadership: A meta-analytic review of the MLQ literature.' *Leadership Quarterly*, 7(3), 385–425.

8. Maslach, C., & Jackson, S.E. (1981). 'The measurement of experienced burnout.' *Journal of Organizational Behavior*, 2, 99–113. http://dx.doi. org/10.1002/job.4030020205

9. https://www.thoracic.org/patients/patient-resources/resources/ burnout-syndrome.pdf

10. Holtgraves, T. (2022). 'Implicit communication of emotions via written text messages.' *Computers in Human Behavior Reports*, 7. https://doi. org/10.1016/j.chbr.2022.100219.

11. Beach, M. C., Roter, D., Korthuis, P. T., Epstein, R. M., et al. (2013). 'A multicenter study of physician mindfulness and health care quality.' *Ann Fam Med*, 11(5), 421–428. doi: 10.1370/afm.1507

12. Gajendran, R. S., Javalagi, A., Wang, C., & Ponnapalli, A. R. (2021). 'Consequences of remote work use and intensity: A meta-analysis.' *Academy of Management Proceedings*, 1. https://doi.org/10.5465/ AMBPP.2021.15255abstract

13. Donald, J. N., Ciarrochi, J., Parker, P. D., & Sahdra, B. K. (2019). 'Compulsive internet use and the development of self-esteem and hope: A four-year longitudinal study.' *Journal of Personality*, 87(5), 981–995. 239 THE CLEAR LEADER

14. Firth, J., Torous, J., Stubbs, B., et al. (2019). 'The "online brain": How the Internet may be changing our cognition.' *World Psychiatry*, 18(2), 119–129.

15. Frith, C. D. (2008). 'Social cognition'. *Philos Trans R Soc Lond B Biol Sci*, 363(1499), 2033–9. doi: 10.1098/rstb.2008.0005.

16. Donald, J. N., Ciarrochi, J., & Sahdra, B. K. (2022). 'The consequences of compulsion: A 4-year longitudinal study of compulsive internet use and emotion regulation difficulties.' *Emotion*, 22(4), 678.

17. Donald, J. N., Ciarrochi, J., & Guo, J. (2022). 'Connected or cutoff? A 4-year longitudinal study of the links between adolescents' compulsive internet use and social support.'

Personality and Social Psychology Bulletin. https://doi.org/10.1177/01461672221127802

18. Lapierre, M. A., & Zhao, P. (2022). 'Smartphones and social support: Longitudinal associations between smartphone use and types of support.' *Social Science Computer Review*, 40(3), 831–843.

19. Singer, T., & Klimecki, O. M. (2014). 'Empathy and compassion.' *Current Biology*, 24(18), R875–R878.

20. Klimecki, O., & Singer, T. (2012). 'Empathic distress fatigue rather than compassion fatigue? Integrating findings from empathy research in psychology and social neuroscience.' *Pathological Altruism*, 368–383.

21. Vreeling, K., Kersemaekers, W., Cillessen, L., van Dierendonck, D., & Speckens A. (2019). 'How medical specialists experience the effects of a mindful leadership course on their leadership capabilities: A qualitative interview study in the Netherlands'. *BMJ Open*, 9(12), e031643. doi: 10.1136/bmjopen-2019-031643.

22. Reb, J., Narayanan, J., & Chaturvedi, S. (2014). 'Leading mindfully: Two studies on the influence of supervisor trait mindfulness on employee wellbeing and performance.' *Mindfulness*, 5(1), 36–45. https://doi.org/10.1007/s12671-012-0144-z

23. Olafsen, A. H., Halvari, H., & Frølund, C. W. (2021). 'The basic psychological need satisfaction and need frustration at work scale: A validation study.' *Front Psychol.*, 12, 697306. doi:10.3389/fpsyg.2021.697306.

24. Reb, J., Narayanan, J., & Ho, Z. W. (2015). 'Mindfulness at work: Antecedents and consequences of employee awareness and absent mindedness.' *Mindfulness*, 6(1), 111–122. https://doi.org/10.1007/ s12671-013-0236-4

25. Amar, A. D., Hlupic, V., & Tamwatin, T. (2014). 'Effect of meditation 240 REFERENCES on self-perception of leadership skills: A controlled group study of CEOs.' *Academy of Management Annual Meeting Proceedings*, 1, 14282. DOI:10.5465/AMBPP.2014.300

26. Arendt, J. F. W., Pircher Verdorfer, A., & Kugler, K. G. (2019). 'Mindfulness and leadership: Communication as a behavioral correlate of leader mindfulness and its effect on follower satisfaction.' *Front Psychol.*, 10, 667. doi: 10.3389/fpsyg.2019.00667.

27. Glomb, T. M., Duffy, M. K., Bono, J. E., & Yang, T. (2011). 'Mindfulness at work.' *In Research in Personnel and Human Resources Management* (Vol. 30), eds A. Joshi, H. Liao & J. J. Martocchio. Emerald Group Publishing Limited, pp. 115–157. https://doi.org/10.1108/S0742 7301(2011)0000030005

28. Long, E. C., & Christian, M. S. (2015). 'Mindfulness buffers retaliatory responses to injustice: A regulatory approach.' *Journal of Applied Psychology*, 100(5), 1409–1422. https://doi.org/10.1037/apl0000019

29. Liang, L. H., Brown, D. J., Ferris, D. L., Hanig, S., Lian, H., & Keeping, L. M. (2018). 'The dimensions and mechanisms of mindfulness in regulating aggressive behaviors'. *J Appl Psychol.*, 103(3), 281–299. doi: 10.1037/apl0000283.

30. Walsh, M. M., & Arnold, K. A. (2018). 'Mindfulness as a buffer of leaders' self-rated behavioral responses to emotional exhaustion: A dual process model of self-regulation.' *Front Psychol.*, 9, 2498. doi:10.3389/fpsyg.2018.02498.
31. Chen, Z. (2018). 'A literature review of team-member exchange and prospects.' *Journal of Service Science and Management*, 11, 433–454. doi: 10.4236/jssm.2018.114030.
32. Hawkes, A. J., & Neale, C. M. (2020). 'Mindfulness beyond wellbeing: Emotion regulation and team-member exchange in the workplace.' *Australian Journal of Psychology*, 72(1), 20–30, DOI:10.1111/ajpy.12255
33. Yu, L., & Zellmer-Bruhn, M. (2018). 'Introducing team mindfulness and considering its safeguard role against conflict transformation and social undermining.' *Academy of Management Journal*, 61(1), 324
34. https://doi.org/10.5465/amj.2016.0094 34. Reb, J., Narayanan, J., & Chaturvedi, S. (2012). 'Leading mindfully: Two studies on the influence of supervisor trait mindfulness on employee well-being and performance.' *Mindfulness*, 1(1). doi:10.1007/s12671 012–0144–z

第五章

1. https://quoteinvestigator.com/2017/10/23/be-change/#f+17089+1+1. From Lorrance, A. (1974). 'The love project.' *In Developing Priorities and a Style: Selected readings in education for teachers and parents*, ed. R. D. Kellough. MSS Information Corporation, p. 85.
2. Fahrenkopf, A. M., Sectish, T. C., Barger, L. K., Sharek, P. J., Lewin, D., Chiang, V. W., Edwards, S., Wiedermann, B. L., & Landrigan, C. P. (2008). 'Rates of medication errors among depressed and burnt out residents: Prospective cohort study.' *BMJ (Clinical research ed.)*, 336(7642), 488–491. https://doi.org/10.1136/bmj.39469.763218.BE
3. Kim, S. E., Kim, J. W., & Jee, Y. S. (2015). 'Relationship between smartphone addiction and physical activity in Chinese international students in Korea.' *Journal of Behavioral Addictions*, 4(3), 200–205. https://doi.org/10.1556/2006.4.2015.028
4. Alshobaili, F. A., & AlYousefi, N. A. (2019). 'The effect of smartphone usage at bedtime on sleep quality among Saudi non-medical staff at King Saud University Medical City.' *Journal of Family Medicine and Primary Care*, 8(6), 1953–1957. https://doi.org/10.4103/jfmpc.jfmpc_269_19
5. Demirci, K., Akgönül, M., & Akpinar, A. (2015). 'Relationship of smartphone use severity with sleep quality, depression, and anxiety in university students.' *Journal of Behavioral Addictions*, 4(2), 85–92. https://doi.org/10.1556/2006.4.2015.010
6. Pearce, M., Garcia, L., Abbas, A., Strain, T., Schuch, F. B., Golubic, R., Kelly, P., Khan, S., Utukuri, M., Laird, Y., Mok, A., Smith, A., Tainio, M., Brage, S., & Woodcock, J. (2022). 'Association between physical activity and risk of depression: A systematic review and meta analysis.' *JAMA Psychiatry*, 79(6), 550–559. https://doi.org/10.1001/jamapsychiatry.2022.0609

7. Rosenbaum, S., Tiedemann, A., Stanton, R., Parker, A., Waterreus, A., Curtis, J., & Ward, P. B. (2015). 'Implementing evidence-based physical activity interventions for people with mental illness: An Australian perspective.' *Australas Psychiatry*, ii. 1039856215590252.

8. Firth, J., Marx, W., Dash, S., et al. (2019). 'The effects of dietary improvement on symptoms of depression and anxiety: A meta analysis of randomized controlled trials.' *Psychosom Med*. doi: 10.1097/ PSY.0000000000000673.

9. Hobfoll, S. E. (2011). 'Conservation of resources theory: Its implication for stress, health, and resilience.' In *The Oxford Handbook of Stress*, 242 REFERENCES Health, and Coping, ed. S. Folkman. Oxford University Press, pp. 127–147.

10. Baror, S., & Bar, M. (2016). 'Associative activation and its relation to exploration and exploitation in the brain.' *Psychol Sci.*, 27(6), 776–89. doi: 10.1177/0956797616634487.

11. Beaty, R. E., Benedek, M., Kaufman, S. B., & Silvia, P. J. (2015). 'Default and executive network coupling supports creative idea production.' *Scientific Reports*, 5(10964). doi:10.1038/srep10964

12. https://www2.deloitte.com/us/en/insights/topics/leadership/ employee–wellness–in–the–corporate–workplace.html

13. Mazmanian, M., Orlikowski, W. J., & Yates, J. (2013). 'The autonomy paradox: The implications of mobile email devices for knowledge professionals.' *Organization Science*, 24(5), 1337–1357.

14. Lanaj, K., Johnson, R. E., & Barnes, C. M. (2014). 'Beginning the workday yet already depleted? Consequences of late-night smartphone use and sleep.' *Organizational Behavior and Human Decision Processes*, 124(1), 11–23.

15. Derks, D., Bakker, A. B., Peters, P., & van Wingerden, P. (2016). 'Work-related smartphone use, work–family conflict and family role performance: The role of segmentation preference.' *Human Relations*, 69(5), 1045–1068.

16. Steffensen, D. S., McAllister, C. P., Perrewé, P. L., Wang, G., & Brooks, C. D. (2022). '"You've got mail": A daily investigation of email demands on job tension and work–family conflict.' *Journal of Business and Psychology*, 37(2), 325–338.

17. Derks, D., Bakker, A. B., Peters, P., & van Wingerden, P. (2016). 'Work-related smartphone use, work–family conflict and family role performance: The role of segmentation preference.' *Human Relations*, 69(5), 1045–1068.

18. Singh, P., Bala, H., Lal Dey, B., & Filieri, R. (2022). 'Enforced remote working: The impact of digital platform-induced stress and remote working experience on technology exhaustion and subjective wellbeing.' *Journal of Business Research*, 151, 269–286. ISSN 0148 2963, https://doi.org/10.1016/j.jbusres.2022.07.002

19. Xiao, Y., Becerik-Gerber, B., Lucas, G., & Roll, S. C. (2021). 'Impacts of working from home during COVID-19 pandemic on physical and mental well-being of office workstation users.' *J Occup Environ Med*, 63(3), 181–190. doi: 10.1097/JOM.0000000000002097.

20. Galanti, T., Guidetti, G., Mazzei, E., Zappalà, S., & Toscano, F. (2021). 'Work from home during the COVID-19 outbreak: The impact on 243 THE CLEAR LEADER employees' remote work productivity, engagement, and stress.' *J Occup Environ Med*, 63(7), e426–e432. doi: 10.1097/JOM.0000000000002236.

21. Chu, A. M. Y., Chan, T. W. C., & So, M. K. P. (2022). 'Learning from work-from-home issues during the COVID-19 pandemic: Balance speaks louder than words.' *PLoS One*, 17(1), e0261969. doi:10.1371/journal.pone.0261969.

22. Tejero, L. M. S., Seva, R. R., & Fadrilan-Camacho, V. F. F. (2021). 'Factors associated with work–life balance and productivity before and during work from home.' *J Occup Environ Med*, 63(12), 1065–1072. doi: 10.1097/JOM.0000000000002377.

23. Stothart, C., Mitchum, A., & Yehnert, C. (2015). 'The attentional cost of receiving a cell phone notification.' Journal of Experimental Psychology. *Human Perception and Performance*, 41(4), 893–897. https://doi.org/10.1037/xhp0000100

24. Jackson, T., Dawson, R., & Wilson, D. (2001). 'The cost of email interruption.' *Journal of Systems and Information Technology*, 5(1), 81–92. https://doi.org/10.1108/13287260180000760

25. Puranik, H., Koopman, J., & Vough, H. C. (2021). 'Excuse me, do you have a minute? An exploration of the dark- and bright-side effects of daily work interruptions for employee well-being.' *Journal of Applied Psychology*, 106(12), 1867–1884.

26. Lin, L. Y., Sidani, J. E., Shensa, A., et al. (2016). 'Association between social media use and depression among U.S. young adults.' *Depress Anxiety*, 33(4), 323–31. doi: 10.1002/da.22466.

27. Reed, P., Bircek, N. I., Osborne, L. A., Viganò, C., & Truzoli, R. (2018). 'Visual social media use moderates the relationship between initial problematic Internet use and later narcissism.' *Open Psychology Journal*, 11(1), 163. DOI:10.2174/1874350101811010163

28. Clark, J. L., Algoe, S. B., Green, M. C., et al. (2017). 'Social network sites and well-being: The role of social connection.' *Current Directions in Psychological Science*. https://doi.org/10.1177/0963721417730833

29. Reb, J., Narayanan, J., & Chaturvedi, S. (2012). 'Leading mindfully: Two studies on the influence of supervisor trait mindfulness on employee well-being and performance.' *Mindfulness*, 1(1). doi:10.1007/s12671 012–0144-z

第七章

1. In one version of the myth, Medusa was a virgin in the temple of Athena, the goddess of wisdom, and was ravished by Poseidon on the REFERENCES steps of Athena's temple. Athena then banished Medusa to the isle of Sarpedon and cursed her. As part of the curse, she grew hair made of snakes and her stare turned any recipient to stone.

2. Simonsson, O., Bazin, O., Fisher, S. D., & Goldberg, S. B. (2022). 'Effects of an 8-week mindfulness course on affective polarization'. *Mindfulness*, 13(2), 474–483. https://doi.org/10.1007/s12671-021-01808-0

3. Simonsson, O., Goldberg, S. B., Marks, J., Yan, L., & Narayanan, J. (2022). 'Bridging the (Brexit) divide: Effects of a brief befriending meditation on affective polarization.' *PloS one*, 17(5), e0267493. https://doi.org/10.1371/journal.pone.0267493

4. Newport, C. (2019). *Digital Minimalism: On living better with less technology*. Portfolio/Penguin.

5. Radtke, T., Apel, T., Schenkel, K., Keller, J., & von Lindern, E. (2022). 'Digital detox: An effective solution in the smartphone era? A systematic literature review.' *Mobile Media & Communication*, 10(2), 190–215. https://doi.org/10.1177/20501579211028647

6. Kang, C. (2023). 'OpenAI's Sam Altman urges AI regulation hearing.' *The New York Times*. https://www.nytimes.com/2023/05/16/technology/openai-altman-artificial-intelligence-regulation.html

7. Unesco. (2023). https://www.unesco.org/en/artificial-intelligence/recommendation-ethics

8. Autor, D., Mindell, D. A., & Reynolds, E. B. (2022). *Why the Future of AI is the Future of Work*. MIT Management Sloan School. https://mitsloan.mit.edu/ideas-made-to-matter/why-future-ai-future-work

9. Ibid.

10. Relihan, T. (2019). *A Calm Before the AI Productivity Storm*. MIT Management Sloan School. https://mitsloan.mit.edu/ideas-made-to matter/a-calm-ai-productivity-storm

11. Naylor, M., Ridout, B., & Campbell, A. (2020). 'A scoping review identifying the need for quality research on the use of virtual reality in workplace settings for stress management.' *Cyberpsychology, Behavior, and Social Networking*, 23(8). https://doi.org/10.1089/cyber.2019.0287

12. Naylor, M., Morrison, B., Ridout, B., & Campbell, A. (2019). 'Augmented experiences: Investigating the feasibility of virtual reality as part of a workplace wellbeing intervention.' *Interacting with Computers*, 31(5), 507–523. https://doi.org/10.1093/iwc/iwz033

13. Hawkins, M. (2022). 'Virtual employee training and skill development, workplace technologies, and deep learning computer vision algorithms 245 THE CLEAR LEADER in the immersive metaverse environment.' *Psychosociological Issues in Human Resource Management*, 10(1), 106–120. DOI:10.22381/pihrm10120228

14. Michalos, G., Karvouniari, A., Dimitropoulos, N., Togias, T., & Makris, S. (2018). 'Workplace analysis and design using virtual reality techniques.' *CIRP Annals*, 67(1), 141–144. https://doi.org/10.1016/j.cirp.2018.04.120.

15. Caputo, F., Greco, A., D'Amato, E., Notaro, I., & Spada, S. (2018). 'On the use of Virtual Reality for a human-centered workplace design.' *Procedia Structural Integrity*, 8, 297–308. https://doi.org/10.1016/j.prostr.2017.12.031.

16. Simonetto, M., Arena, S., & Peron, M. (2022). 'A methodological framework to integrate motion capture system and virtual reality for assembly system 4.0 workplace design.' *Safety Science*, 146, https://doi. org/10.1016/j.ssci.2021.105561

17. Souchet, A. D., Lourdeaux, D., Pagani, A., et al. (2022). 'A narrative review of immersive virtual reality's ergonomics and risks at the workplace: cybersickness, visual fatigue, muscular fatigue, acute stress, and mental overload.' *Virtual Reality.* https://doi.org/10.1007/s10055-022-00672-0

18. Aardema, F., O'Connor, K., Côté, S., & Taillon, A. (2010). 'Virtual reality induces dissociation and lowers sense of presence in objective reality.' *Cyberpsychology, Behavior and Social Networking*, 13(4), 429–435. https://doi.org/10.1089/cyber.2009.0164

19. Peckmann, C., Kannen, K., Pensel, M. C., Lux, S., Philipsen, A., & Braun, N. (2022). 'Virtual reality induces symptoms of depersonalization and derealization: A longitudinal randomised control trial.' *Computers in Human Behavior*, 131(C). https://doi.org/10.1016/j.chb.2022.107233

20. Barreda-Ángeles, M., & Hartmann, T. (2022). 'Hooked on the metaverse? Exploring the prevalence of addiction to virtual reality applications.' *Frontiers in Virtual Reality*, 3, 1–9. [1031697]. https://doi. org/10.3389/frvir.2022.1031697

方向 81

打造高專注正念領導力
6 堂 AI 時代領導人的關鍵練習

The Clear Leader: How to lead well in a hyper-connected world

作　　者：詹姆斯・唐納德博士（James N. Donald, PhD）、克雷格・哈斯特（Craig S. Hassed, OAM）
譯　　者：蘇楓雅
責任編輯：王彥萍
協力編輯：周麗淑
校　　對：王彥萍、周麗淑
封面設計：FE 設計
排　　版：瑞比特設計
寶鼎行銷顧問：劉邦寧

發 行 人：洪祺祥
副總經理：洪偉傑
副總編輯：王彥萍
法律顧問：建大法律事務所
財務顧問：高威會計師事務所
出　　版：日月文化出版股份有限公司
製　　作：寶鼎出版
地　　址：台北市信義路三段 151 號 8 樓
電　　話：（02）2708-5509　傳真：（02）2708-6157
客服信箱：service@heliopolis.com.tw
網　　址：www.heliopolis.com.tw
郵撥帳號：19716071 日月文化出版股份有限公司

總 經 銷：聯合發行股份有限公司
電　　話：（02）2917-8022　傳真：（02）2915-7212
印　　刷：軒承彩色印刷製版股份有限公司
初　　版：2025 年 09 月
定　　價：400 元
Ｉ Ｓ Ｂ Ｎ：978-626-7641-96-5

The Clear Leader: How to lead well in a hyper-connected world
Text Copyright © James N. Donald and Craig S. Hassed 2024
Complex Chinese Copyright © 2025 by Heliopolis Culture Group Co., Ltd.
Published by arrangement with Exisle Publishing Ltd., through Big Apple Agency.

All rights reserved.

國家圖書館出版品預行編目資料

打造高專注正念領導力：6 堂 AI 時代領導人的關鍵練習 / 詹姆斯・唐納德博士（James N. Donald, PhD）、克雷格・哈斯特（Craig S. Hassed, OAM）著；蘇楓雅譯 .-- 初版 .-- 臺北市：日月文化出版股份有限公司，2025.09
272 面；21 × 14.7 公分 .--（方向；81）
譯自：The Clear Leader: How to lead well in a hyper-connected world

ISBN 978-626-7641-96-5(平裝)

1.CST：領導者 2.CST：組織管理 3.CST：職場成功法

494.2　　　　　　　　　　　114009798

◎版權所有，翻印必究
◎本書如有缺頁、破損、裝訂錯誤，請寄回本公司更換

日月文化集團　HELIOPOLIS CULTURE GROUP

客服專線 02-2708-5509
客服傳真 02-2708-6157
客服信箱 service@heliopolis.com.tw

廣告回函
台灣北區郵政管理局登記證
北台字第 000370 號
免貼郵票

日月文化集團 讀者服務部 收

10658 台北市信義路三段151號8樓

對折黏貼後，即可直接郵寄

日月文化網址：www.heliopolis.com.tw

最新消息、活動，請參考 FB 粉絲團

大量訂購，另有折扣優惠，請洽客服中心（詳見本頁上方所示連絡方式）。

大好書屋	寶鼎出版	山岳文化
EZ TALK	EZ Japan	EZ Korea

大好書屋・寶鼎出版・山岳文化・洪圖出版　EZ叢書館　EZ Korea　EZ TALK　EZ Japan

日月文化集團
HELIOPOLIS CULTURE GROUP

感謝您購買　**打造高專注正念領導力**：6堂AI時代領導人的關鍵練習

為提供完整服務與快速資訊，請詳細填寫以下資料，傳真至02-2708-6157或免貼郵票寄回，我們將不定期提供您最新資訊及最新優惠。

1. 姓名：_____　性別：□男　□女
2. 生日：_____ 年 _____ 月 _____ 日　職業：_____
3. 電話：（請務必填寫一種聯絡方式）
   （日）_____（夜）_____（手機）_____
4. 地址：□□□_____
5. 電子信箱：_____
6. 您從何處購買此書？□_____縣/市_____書店/量販超商
   □_____網路書店　□書展　□郵購　□其他
7. 您何時購買此書？　_____ 年 _____ 月 _____ 日
8. 您購買此書的原因：（可複選）
   □對書的主題有興趣　□作者　□出版社　□工作所需　□生活所需
   □資訊豐富　□價格合理（若不合理，您覺得合理價格應為 _____ ）
   □封面/版面編排　□其他_____
9. 您從何處得知這本書的消息：　□書店　□網路／電子報　□量販超商　□報紙
   □雜誌　□廣播　□電視　□他人推薦　□其他
10. 您對本書的評價：（1.非常滿意 2.滿意 3.普通 4.不滿意 5.非常不滿意）
    書名_____　內容_____　封面設計_____　版面編排_____　文/譯筆_____
11. 您通常以何種方式購書？□書店　□網路　□傳真訂購　□郵政劃撥　□其他
12. 您最喜歡在何處買書？
    □_____縣/市_____書店/量販超商　□網路書店
13. 您希望我們未來出版何種主題的書？_____
14. 您認為本書還須改進的地方？提供我們的建議？
    _____
    _____
    _____
    _____

方向

寶鼎出版

方向

寶鼎出版